Die rationelle Bewirtschaftung des Betons

Erfahrungen mit Gußbeton beim Bau der Nordkaje des Hafens II in Bremen

Von

Dr.-Ing. Arnold Agatz
Baurat in Bremen

Mit 60 Abbildungen

Berlin
Verlag von Julius Springer
1927

ISBN 978-3-642-50607-9 ISBN 978-3-642-50917-9 (eBook)
DOI 10.1007/978-3-642-50917-9

Erweiterter Sonderabdruck aus „Der Bauingenieur",
Zeitschrift für das gesamte Bauwesen
7. Jahrgang 1926, Heft 34, 36 und 37
Softcover reprint of the hardcover 1st edition 1927

Vorwort.

Der scharfe Konkurrenzkampf und die Geldknappheit in der Nachkriegszeit zwangen uns zur möglichst wirtschaftlichen Verwendung von Material und Arbeit. Besonders in der eisenerzeugenden und eisenverarbeitenden Industrie mit ihren Grenzgebieten schlossen sich Produzenten und Konsumenten, Staat und Wirtschaft zur Rationalisierung zusammen. Stehende Arbeitsbetriebe und sich fast immer gleichbleibende Betriebsgrundlagen begünstigten hier die fortschreitende Entwicklung.

Schwieriger liegen die Verhältnisse für die Bauwirtschaft. Nicht an die Örtlichkeit gebundene Produktionsstätten und damit wechselnde Produktionsbedingungen stehen der Zusammenfassung der Arbeit entgegen.

Die im Laufe des Jahres erheblich schwankenden Witterungsverhältnisse lassen sich bei der Arbeitsleistung im Freien niemals ausschalten und beeinflussen daher in erheblichem Maße ihre Stetigkeit.

In ihrer Zusammensetzung schwankende und von den Menschen noch nicht völlig erkannte Baustoffe erschweren ihre Normalisierung.

Die Frage der Wirtschaftlichkeit läßt sich nicht von den örtlichen Verhältnissen loslösen und laßt daher auch hier die Normalisierung der Geräte nur langsam voranschreiten.

Zu allem tritt die Schwierigkeit hinzu, die vielfach sich kreuzenden Anforderungen von Produzenten und Konsumenten, von Staat und Wirtschaft, von Theorie und Praxis auf einheitlicher Grundlage zusammenzufassen.

Wenn ich mit dieser Arbeit nunmehr vor allem die Bewirtschaftung des Betons in den Vordergrund schiebe, so geschieht es von der Erkenntnis aus, daß eine klare eindeutige Auffassung in der Frage der Bewirtschaftung des Betons noch nicht erzielt und allgemein festgelegt werden konnte, und daß wir besonders mit dem restlosen Erfassen des Baustoffes „Beton" ein erhebliches Stück auf der uns gesteckten Bahn der Wirtschaftlichkeit voranschreiten wurden.

Wollen wir aber die Rationalisierung auf dem Gebiet der Bauwirtschaft endlich in die Tat umsetzen, dann ist der Zusammenschluß aller beteiligten Kräfte unbedingt erforderlich.

Möge diese Arbeit zur Erreichung dieser Ziele ihr Teil beitragen.

Bremen, im November 1926. Dr. Agatz.

Inhaltsverzeichnis.

I. Verschiedene Verfahren zur Herstellung von Gußbeton.

Der Siegeszug der Gußbetonbauweise in Deutschland ist zur Tatsache geworden. Daran ändert auch der sogenannte Weich- oder plastische Beton nichts.

Mit kleineren Hoch- und Tiefbauten beginnend, kennzeichnen die Bauausfuhrungen in Töging, Geestemünde, Flaesheim, Misburg-Anderten und im Schwarzenbachtal den Fortschritt des Verfahrens. Immer größere Anforderungen wurden an die Wirtschaftlichkeit gestellt. Hand in Hand mit der Praxis arbeiteten die Institute an der Erforschung des Gußbetons.

Ruckschauend auf das Jahr 1921/22 möchte ich hier wiederholen, was ich im Anschluß an den Schleusenbau Geestemünde schrieb:

> „Deutscher Tüchtigkeit und Gründlichkeit wird genau so wie auf anderen Gebieten die Aufgabe zufallen, innerhalb kurzer Zeit den amerikanischen Vorsprung wettzumachen und das von den Amerikanern übernommene System auf das weitgehendste zu verbessern."

Und was hiervon in der kurzen Spanne von vier Jahren bereits geleistet ist, das kennzeichnen die vorher angefuhrten Bauausführungen.

Töging und Geestemünde sind die Vertreter des Gußbetonverfahrens mit Hilfe von hölzernen Gießtürmen. In Misburg-Anderten trat neben den eisernen Gießturm das Gußbetonverfahren mit Hilfe von Kabelkränen, und beim Bau der Schwarzenbachtalsperre wurde das Kabelkranverfahren fast ausschließlich angewendet.

In Bremen wurde nunmehr beim Bau einer rund 1000 m langen Kajemauer für die Herstellung von rd. 33 000 m^3 Gußbeton von der Firma Paul Kossel & Cie. ein Verfahren angewendet, das sich der Hilfe einer fahrbaren Betontransportanlage mit der Wirkungsweise eines umgeklappten Gießturmes bediente.

Welche Leistungen bei den übrigen Verfahren mit Hilfe der Gießtürme und Kabelkräne erzielt wurden, ist bereits früher erörtert. Welche Vorteile das neue Verfahren bietet und welche neuen Erfahrungen mit Gußbeton in Bremen gemacht sind, werden die folgenden Ausfuhrungen erkennen lassen.

II. Die Verwendung einer fahrbaren Betontransportanlage mit der Wirkungsweise eines umgeklappten Gießturmes für die Herstellung von 33 000 m³ Gußbeton der rund 1000 m langen Nordkaje im Hafen II zu Bremen.

a) Beschreibung des Bauwerkes.

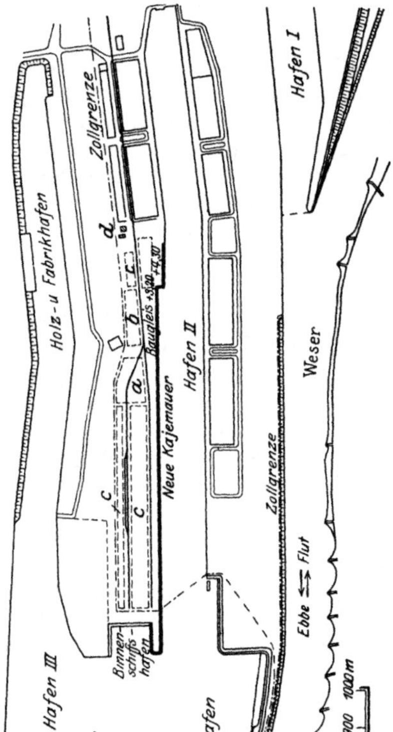

a) Schuppen und Büros der Unternehmer b) Zimmerplatz; c) Materiallagerplätze; d) Baubüro des Hafenbauamtes.

Abb. 1. Lageplan.

An der Nordseite des Seehafens II in Bremen lag noch eine rd. 1000 m lange Geländestrecke, deren Ausbau im Jahre 1924 beschlossen wurde. (Vgl. Abb. 1.)

Nach eingehenden Untersuchungen wurde als Uferabschluß eine Betonkajemauer mit hölzernem Pfahlfundament gewählt. (Vgl. Abb. 2.)

Die Pfahlköpfe wurden nicht wie sonst üblich durch einen hölzernen, verzimmerten Pfahlrost, sondern durch eine eisenbewehrte Betonrostplatte, die gemäß Abbildung 2 ausgebildet wurde, verbunden. Die gelenkartige Ausbildung zwischen der dritten und viertletzten Pfahlreihe wurde vorgenommen, um ein Reißen der Platte bei eintretender Bewegung der Mauer dort zu erhalten, wo es unschädlich bleiben würde, da der vordere und der hintere Teil der Mauer für sich standsicher ausgebildet sind.

Die Ausführung der Mauer wurde im Juli 1924 öffentlich ausgeschrieben und der Zuschlag den zu einer Arbeitsgemeinschaft zusammengeschlossenen Firmen Paul Kossel & Cie.,

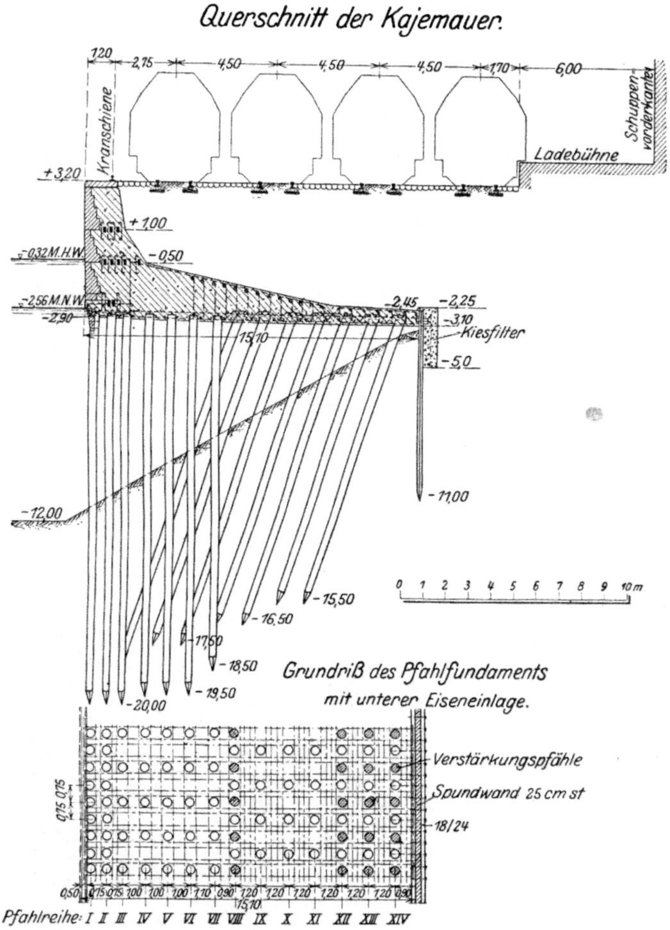

Höhenangaben beziehen sich in Metern auf Bremer Null.

Abb. 2. Querschnitt.

Abb. 2. Querschnitt.

Bremen, und Steffen Sohst, Kiel-Gaarden übertragen. Die Verteilung der Arbeiten geschah derart, daß die Firma Steffen Sohst sämtliche Ramm-, Zimmer- und Erdarbeiten, und die Firma Paul Kossel & Cie. sämtliche Beton- und

Maurerarbeiten übernahm. Die Grundwasserabsenkung ließ letztere durch die Nordd. Wasserversorgungs-Gesellschaft, Bremen, ausführen.

Für den Mauerkörper wurde Gußbeton vorgeschrieben, um infolge seiner Dichte die Eiseneinlagen in der vielseitig beanspruchten Platte vor Rost zu schützen, und um in derselben horizontale Arbeitsfugen auf das geringste Maß zu beschränken. Der Wasserzusatz zum Gußbeton war in den Ausschreibungsbedingungen nicht zahlenmäßig festgelegt, sondern er hatte sich auf das nach Anordnung des Hafenbauamtes notwendige Maß zu beschränken.

b) Der Bauvorgang.

Um die Rammarbeiten zu erleichtern, wurden die über Hafensohle — 12 m Br.N. liegenden, z. T. sehr steinigen Bodenschichten mit Hilfe von Eimerbaggern weggeräumt.

Alsdann wurden die senkrechten Pfähle mit Schwimmrammen und die Schrägpfähle nebst Spundwand mit Gerüstrammen in den Boden getrieben.

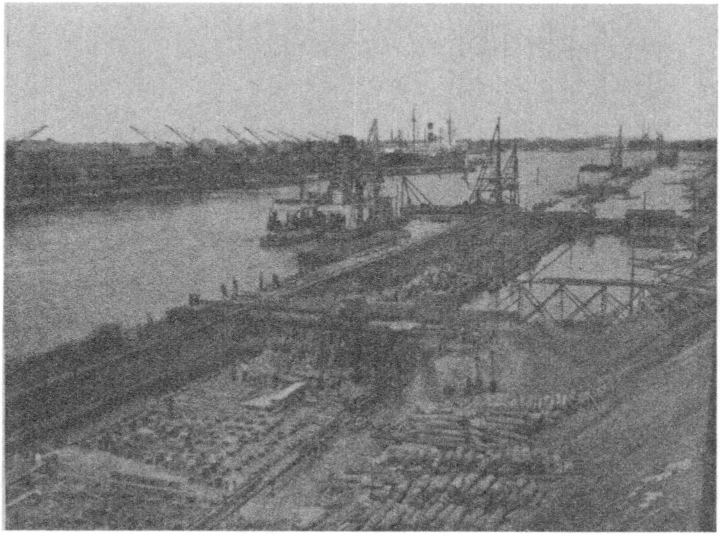

Abb. 3. Baugrubeneinteilung.

Nach proviscrischer Verzangung der Pfähle wurde zwischen und vor dieselben mit Klappschuten und Elevator ein Sandfangedamm bis Unterkante Kaje eingefüllt.

In denselben, rd. 2 m von der Vorderkante Bauwerk entfernt, wurde ein 2 m breiter Kastenfangedamm gerammt und gleichfalls mit Sandboden verfüllt. Die ganze Kajestrecke wurde durch Querspundwände und Erddämme in Baugruben von rd. 100 m Länge unterteilt.

Mit Hilfe einer Wassersenkungsanlage wurde das Ober- und Grundwasser entfernt, die Pfahle mit einer Grundkreissäge gekappt und der eingefüllte Boden geebnet.

Um einmal die Auslaugung der unteren Betonschichten durch die Grundwassersenkung zu verhindern, und um anderer-

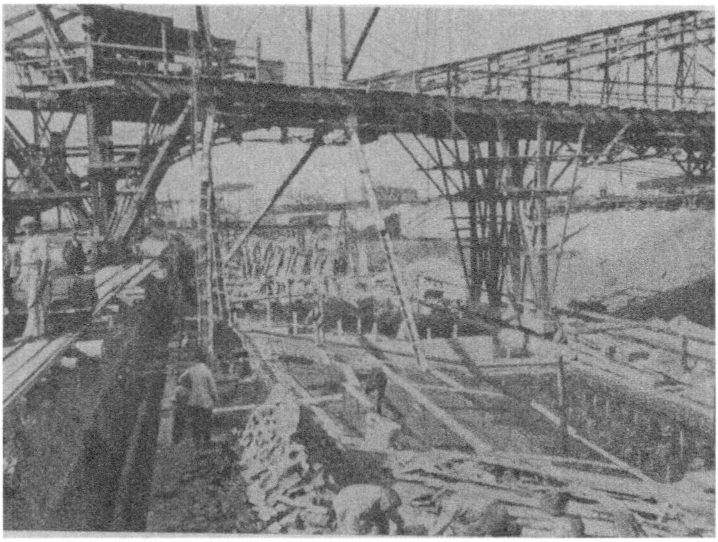

Abb. 4. Betonieren der Rostplatte.

seits die Eiseneinlagen einwandfrei verlegen zu können, wurde eine 10 cm starke Sandbetonschutzschicht eingebracht und diese mit einem Goudronanstrich versehen. (Vgl. Abb. 3.)

Nach Verlegen der Eiseneinlagen wurde der hafenseitig liegende Splittbetonstreifen von 0,75 m Stärke und 1,50 m Tiefe betoniert, darauf die Verblendung gemauert und alsdann der ganze untere Mauerkörper in Abschnitten von 15 m Länge betoniert. (Vgl. Abb. 4.)

Der aufgehende Mauerkörper wurde in gleicher Reihenfolge hergestellt wie die Rostplatte. Eiseneinlagen fehlten in ihm.

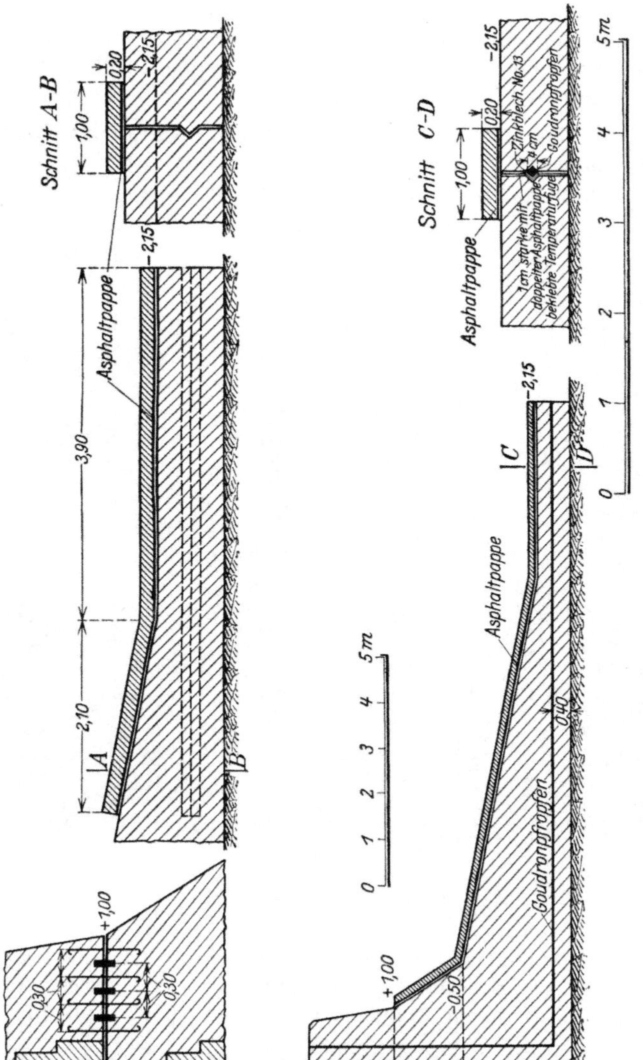

Abb. 5. Anordnung der Temperatur- und Arbeitsfugen.

Nach Fertigstellung der Mauer auf 100 m Länge wurde der Kastenfangedamm nach Ausbau der Wassersenkungsanlage gezogen.

Die Hinterfüllung wurde durch Spüler, nachdem der Beton ¼ Jahr alt war, vorgenommen und alsdann der Sandfangedamm durch Bagger entfernt.

Die einzelnen Vertikalarbeitsfugen wurden gemäß Zeichnung miteinander verzahnt. Die Temperaturfugen, welche nur alle 60 m angeordnet waren, wurden durch zwei Lagen geklebter Asphaltpappe und einen längslaufenden Goudronpfropfen gedichtet. Auf dem fertigen Rostplattenteil wurden dann noch über die einzelnen Arbeits- und Temperaturfugen Betonpflaster von 20 cm Stärke und 1,50 m Breite betoniert, um ein Durchspülen des Sandes durch letztere infolge des Tidewechsels zu verhindern. (Vgl. Abb. 5.)

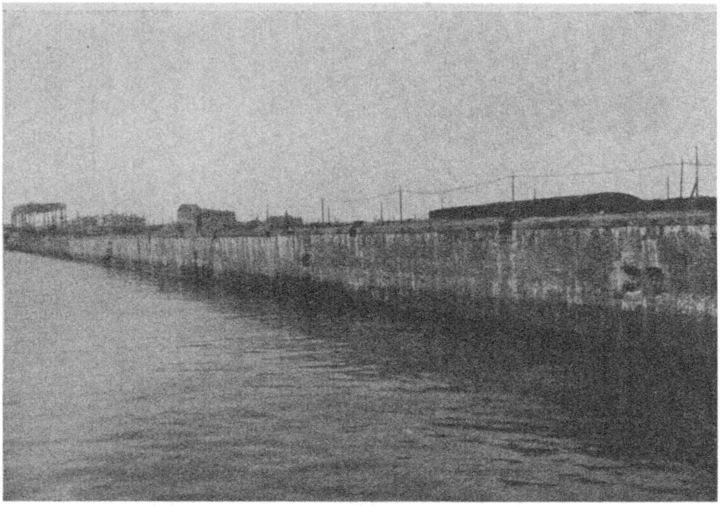

Abb. 6. Ansicht der fertigen Mauer.

Die Horizontalfugen wurden durch 50 cm lange Rundeisen, welche in 1 m Entfernung in den Beton hineingesteckt waren, und durch dazwischen eingedrückte Klinker verzahnt.

c) Der Lageplan der Baustelle.

(Vgl. Abb. 1.)

Wie der Lageplan zeigt, erstreckte sich die Baustelle über rd. 1000 m in einer Breite von im Durchschnitt 100 m. Die Materialien konnten z. T. auf einem längs der gesamten Baustelle verlegten Baugleis mit der Eisen-

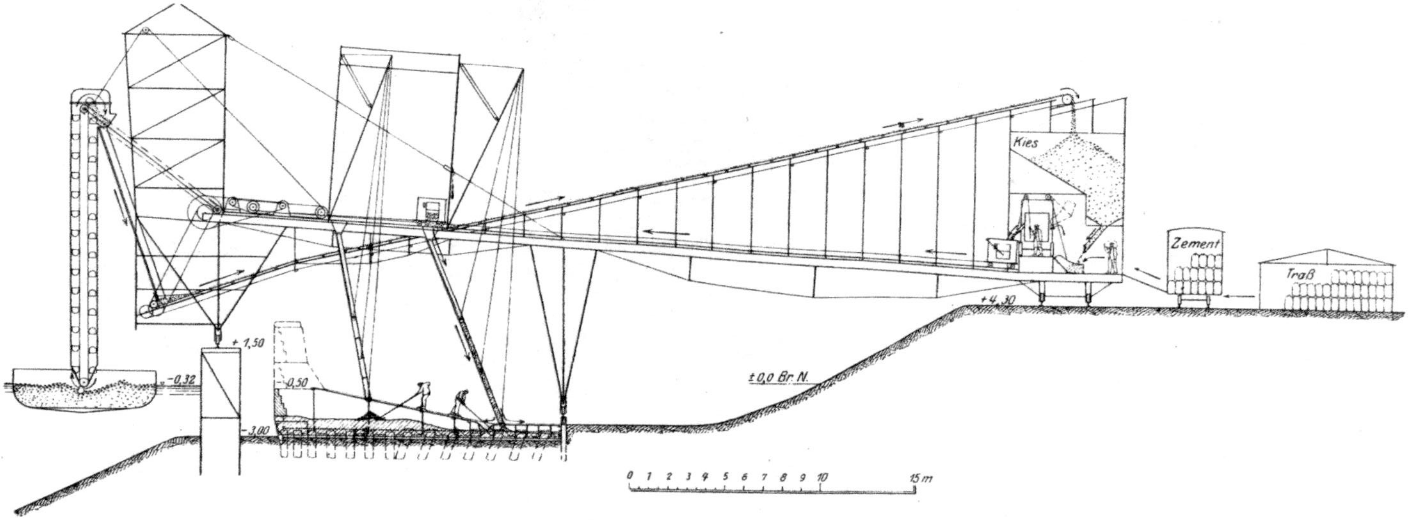

Abb. 7. Schematische Darstellung der fahrbaren Betontransportanlage.

bahn, z. T. auf dem Wasserweg angeliefert werden. Ihre Lagerung war beiderseits längs des Baugleises vorgesehen und wurde vom Unternehmer auch durchgeführt. Die Beschaffung der Betonmaterialien lag in den Händen der Unternehmer. Die Bindemittel, Zement und Traß, und der Steinsplitt kamen auf dem Bahnweg, der Betonkies auf dem Wasserweg zur Baustelle.

d) Beschreibung der fahrbaren Betontransportanlage und seiner Arbeitsweise.

Zur Bewältigung der rd. 33 000 m^3 Beton nach dem Gußbetonverfahren hatte die Firma Paul Kossel & Cie. einen

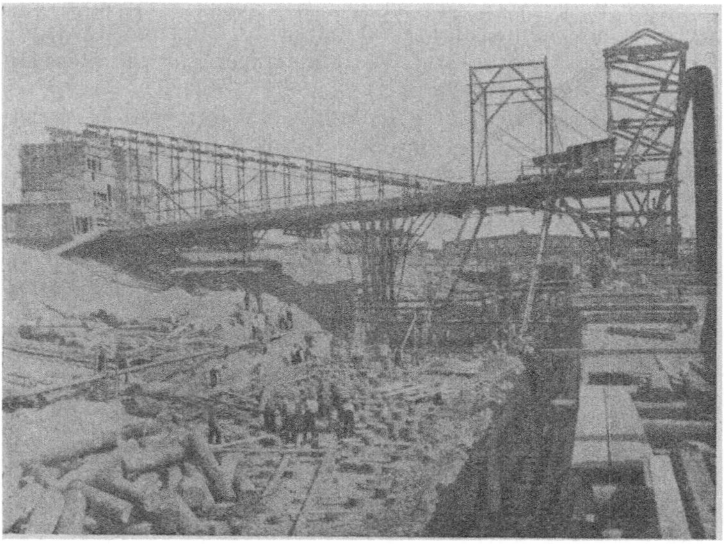

Abb. 8. Ansicht der Betontransportanlage.

Betonkran, gemäß Abbildung, mit der Wirkungsweise eines umgeklappten Gießturmes aufgestellt. Er bestand aus Holz; der wasserseitige Fuß lief auf dem hölzernen Kastenfangedamm. die Mittelstütze auf der Mauerspundwand, der landseitige Fuß auf der Oberkante der Böschung des gewachsenen Geländes. (Vgl. Abb. 7 und 8.)

Die Betonierungsanlage zergliederte sich in die Kieszuführungsanlage, in die Mischanlage und die Betontransportanlage.

Die Zufuhrung des Betonkieses erfolgte mittels Elevators aus dem darunterliegenden Kahn auf das Transportband, das ihn von hier aus in Neigung nach oben in den Kiessilo schaffte.

Unter dem Kiessilo waren zwei 750 l Betonmischmaschinen, System Ransome, aufgestellt, in die durch Schieber der Betonkies aus dem Silo und die Bindemittel von Hand direkt aus dem Eisenbahnwagen mittels Meßkästen zugeführt wurden.

Das fertige Betongemisch wurde aus den Betonmischmaschinen in Loren mit Seitenleerung gefüllt und diese durch maschinell angetriebene Seilwinden vor die Gußöffnungen gezogen und der Beton durch in der ersten Hälfte geschlossene und in der letzten Hälfte offene Gußrohre in den Schalungsraum geleitet.

Das Becherwerk war in der Höhenlage verstellbar angeordnet, um dem Tidewechsel folgen zu können. Mit jeder Kranstellung konnten etwa 45 lfdm Mauer mit rd. 1500 m³ Beton hergestellt werden.

Das Verfahren des Betonkranes erfolgte mittels dreier Winden, deren Seile an den drei Kranfüßen befestigt waren, von Hand ohne Schwierigkeiten innerhalb 4 bis 6 Std.

e) Die Betonleistungen.

Die rd. 33 000 m³ Beton sollten nach Vorschrift des Hafenbauamtes innerhalb 6 Monaten eingebracht werden. Es waren

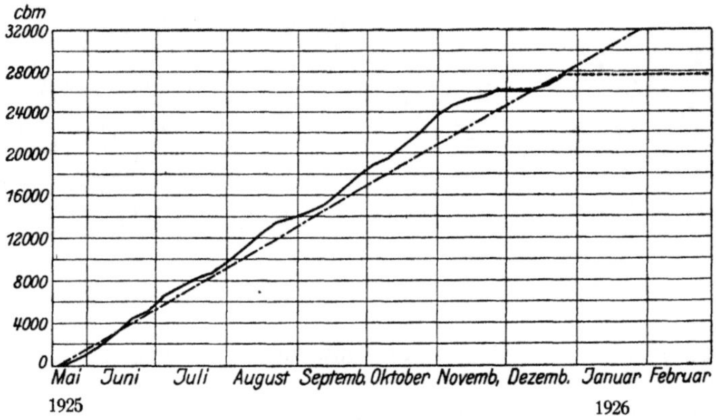

Abb. 9. Die monatlichen Betonleistungen.

also im Durchschnitt für jeden Monat 5500 m³ fertiger Beton = rd. 165 lfdm Mauer zu leisten, die vom Unternehmer in einzelnen Monaten noch überschritten wurden. (Vgl. Abb. 9.)

Betoniert wurde im großen Durchschnitt in einer verlängerten Arbeitsschicht von 12 bis 14 Stunden.

Die Leistungen während derselben betrugen im Durchschnitt 300 m^3 feste Masse, also eine Stundenleistung von 23 m^3. Die Spitzenleistungen schwankten zwischen 400 und 500 m^3

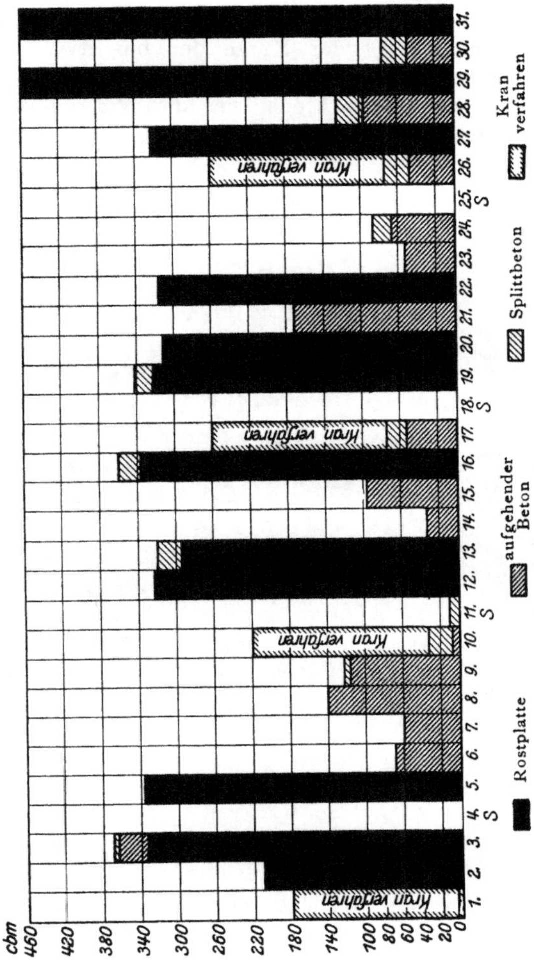

Abb. 10. Die täglichen Betonleistungen.

feste Masse; also eine Stundenleistung von 30 m^3 bis 40 m^3. (Vgl. Abb. 10.)

Da zwei Mischmaschinen von 750 l Inhalt vorhanden waren und die Mischung jeder Betonmaschine bis zu ihrer fertigen Verarbeitung durchschnittlich 3 Min. Zeit erforderte, war die Anlage bis zu ihrer Höchstleistung, und darin liegt ihr Vorteil, beansprucht. Es waren also sämtliche Teile der Gußbetonanlage so durchgebildet, daß keine mehr als die übrigen leisteten und sie zusammen in ihrer Leistungsfähigkeit sich der Art des Bauwerks anpaßten. Störungen kamen infolge der einfachen, klaren Mechanisierung der einzelnen Arbeitsvorgänge und wegen der Kürze der nur etwa 15 m langen Rinnen ganz selten vor.

Irgendwelche Nachteile bei der Verwendung von geschlossenen Rohren ergaben sich nicht, im Gegenteil verhin-

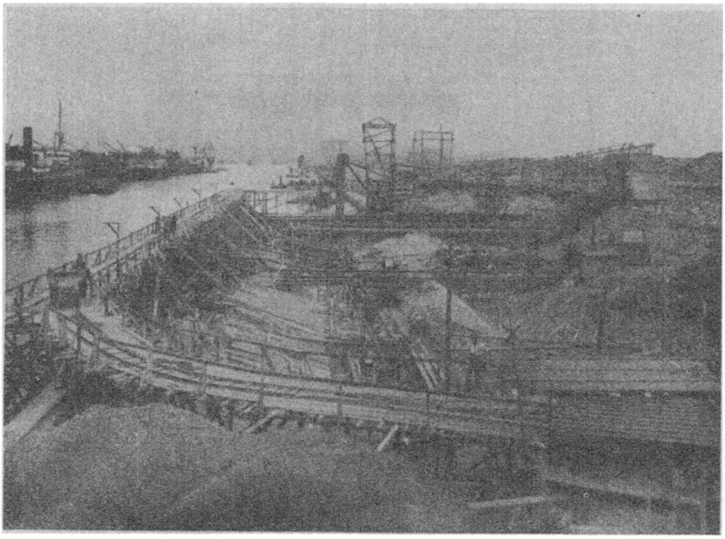

Abb. 11. Betontransportgerüst.

derten sie das bei offenen Rinnen leicht vorkommende Überlaufen des Betons.

Man sollte daher beide Arten von Rinnen, also geschlossene und offene, verwenden und sie besonders an Brechpunkten der Rinnenführung, wo ein Überlaufen leicht eintritt, einbauen; dabei aber den Querschnitt der geschlossenen Rinnen vergrößern und oval gestalten, um dem Beton, entsprechend seiner langsameren Fließgeschwindigkeit an den Knickpunkten, genügend großen Durchflußquerschnitt zu geben.

Für den aufgehenden Mauerkörper wurde der Beton teil weise wie bei dem Massenbeton der Rostplatte direkt durch

Rinnen gegossen, teilweise bis zu 100 m in Loren verfahren, um Aufenthalte bei der Herstellung des Massenbetons in dem Rostplattenteil zu vermeiden. (Vgl. Abb. 11.)

Eine Entmischung des Betons während des Transportes wurde nicht festgestellt.

Wie der Beton beim Gießen aussah, erkennt man aus der Abbildung. Quoll der Beton beim Gießen in den Schalungsraum blumenkohlartig wieder empor, so war es ein untrügliches

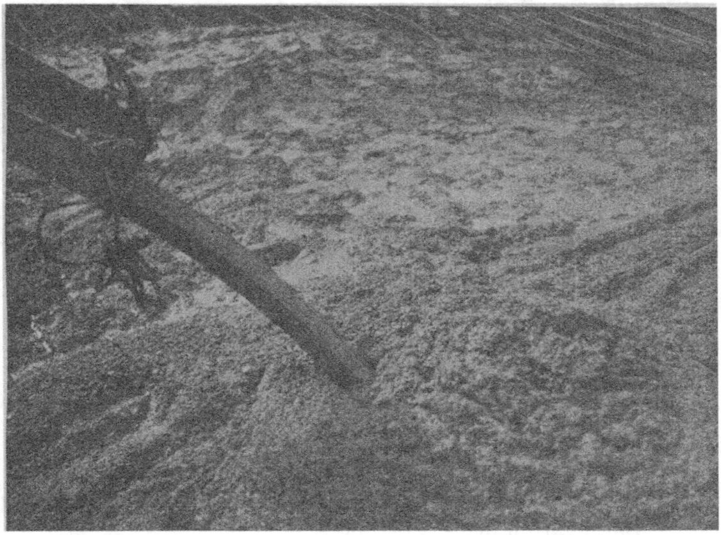

Abb. 12. Gußbeton mit geringstmöglichem Wasserzusatz.

Zeichen dafür, daß er die richtige Konsistenz besaß. (Vgl. Abb. 12.)

Die Struktur des Betons läßt das nachstehende Bild erkennen. Der herausgestemmte Bauwerkswürfel mit 200 kg Zement und 65 kg Traßzusatz auf 1 m^3 festen Beton erzielte nach 3 Monaten eine Festigkeit von rd. 200 kg/cm^2. (Vgl. Abb. 13.)

f) Der Lohnstundenaufwand.

Will man Vergleiche mit anderen Anlagen ziehen, so können nur die anfallenden Lohnstunden herangezogen werden, die von der Art des Bauwerkes und der Örtlichkeit unabhängig sind. Hierzu rechne ich die Aufwendungen für:

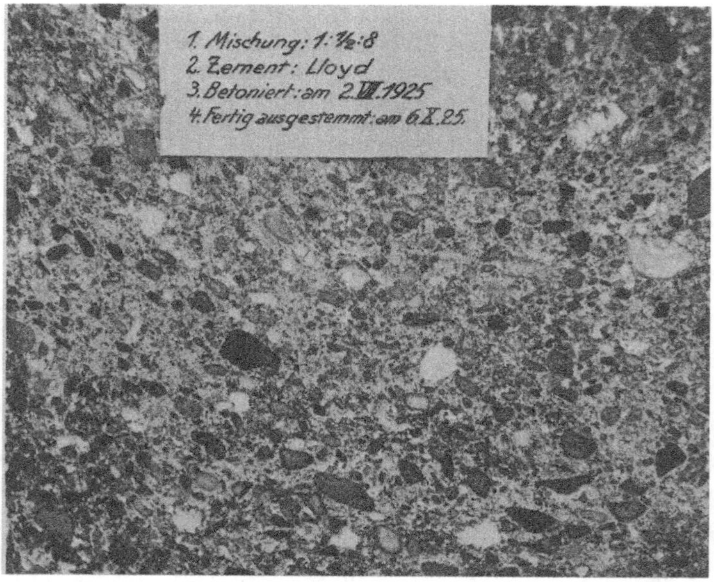

Abb. 13. Betonschliff.

1. Betonbereitung; sie zerfällt in:		
Materialzufuhr Materialbeschickung Materialverarbeitung Betonabgabe Betonverteilung Maschinenüberwachung Aufsicht	. . . .	1,31 Std.
2. Kranverfahren	. . . .	0,18 „
3. Reinigen der Baugrube und Abgleichen der fertigen Bauwerksteile und andere Nebenarbeiten	. . . .	0,23 „
4. Aufbau, Abbau und Abschreibung des Betonkranes	. . . .	1,50 „
	Insgesamt . .	3,22 Std.

Der Lohnstundenaufwand für 1 m³ Beton stellt neben anderen Faktoren das Barometer dar, wie eine Baustelle organisiert und inwieweit die wirtschaftliche Betriebsführung verwirklicht ist.

Wir sind aus der Zeit heraus, wo erst während des Baues selbst die anscheinend zweckmäßigste Art der Bauausführung gewählt wurde. Heute regiert der Kopf, und vor Beginn eines Baues müssen alle Einzelheiten der Bauausführung durchdacht sein; die Schalung wird normalisiert und die Herstellung des Betons mechanisiert. Und dieser Weg der wirtschaftlichen Organisation und Betriebsführung muß mit allen Mitteln weiter beschritten und vervollkommnet werden, wenn eine Aufwärtsentwicklung unserer Wirtschaft von Erfolg begleitet sein soll.

Jede Bauausführung stellt hochwertige Ingenieurkunst dar. Aus der einfachen Mischmaschine mit dem Lorenbetrieb von Hand wurde die Betonfabrik. Daß es so wurde, danken wir zum großen Teil dem Gußbeton. Der Gedanke der Massenleistung erweckte das Streben nach immer größerer Vervollkommnung der Arbeitsvorgänge. Und so haben wir die Erscheinung, daß besonders nach dem Kriege mit der allgemeinen Einführung des Gußbetons den bisherigen Aufgaben der Ingenieurkunst sich das wirtschaftlich so unendlich wertvolle Gebiet der Organisation und Betriebsführung im Baubetrieb zugesellt hat.

Wirtschaft und Staat sind bestrebt, durch Erfassen und Zergliedern der Arbeitsvorgänge, durch die richtige Auswahl der Persönlichkeiten für die ihnen zufallenden Arbeitsgebiete, den Arbeitsaufwand auf ein Minimum zu beschränken, denn der Leerlauf und Schwerlauf der Arbeit zehrt am Kapital.

g) Die Vorteile des neuen Verfahrens mit Hilfe der fahrbaren Betontransportanlage.

Fassen wir nun die Vorteile des neuen Gußbetonverfahrens zusammen, so ergibt sich:

1. Die verhältnismäßig kurze Rinnenlänge nicht über 15 m und ihre geringste Neigung nicht unter 28° gestatteten, den Wasserzusatz so gering wie möglich zu bemessen.
2. Die einfache und klare Mechanisierung der Arbeitsvorrichtung ließ Störungen fast kaum auftreten.
3. Von der Gußbetonanlage führten nicht, wie sonst bei Gießtürmen üblich, 1 oder 2 Rinnen zum Bauwerk, sondern der Beton konnte durch 4 Gußrinnen in das Bauwerk geleitet werden. (Vgl. Abb. 14.)

   Es liegt auf der Hand, daß die Einbringung des Betons auf vierfachem Rinnenwege sich reibungsloser gestaltete, und daß die Verteilung des Betons im Schalungsraum sehr gleichmäßig vor sich gehen konnte, ohne daß die

Rinnenenden in größerem Umfange bewegt zu werden brauchten.

4. Das Verfahren der Anlage ging innerhalb 4 bis 6 Std. ohne größere Schwierigkeiten vor sich, so daß eine Unterbrechung der Betonierungsarbeiten für einen ganzen Arbeitstag nicht notwendig war.

5. Die Leistungen des Betonkranes können ohne Schwierigkeiten durch Vergrößerung seiner Anlage erheblich gesteigert werden. Der Arbeitsaufwand für ein Kubikmeter fertigen Beton mit 3,22 Std./m^3 feste Betonmasse ist als sehr gering zu bezeichnen.

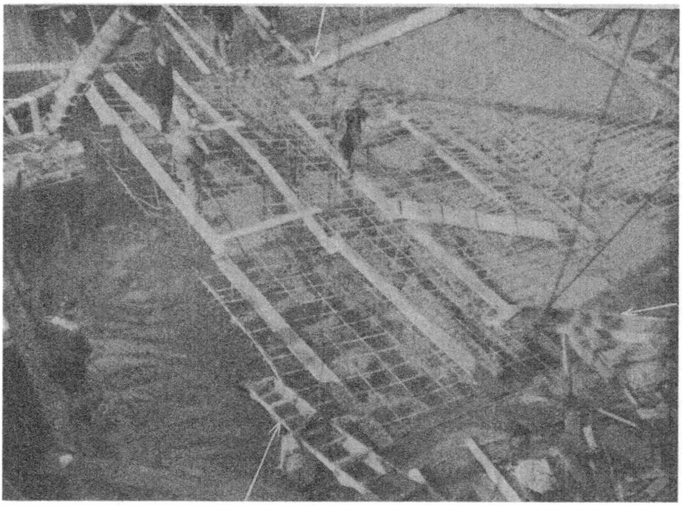

Abb. 14. Einmündung der 4 Gußrinnen in den Schalungsraum.

6. Durch Normalisierung des Krangerüstes kann dasselbe für andere Bauten jeweils verwendet werden.

7. Die Anlage eignet sich besonders zur Herstellung von Bauwerken mit größerer Längenausdehnung, wie beispielsweise Ufermauern, Schleusen, Docks usw.

8. Ein Streuverlust bei der Zuführung der Bindemittel und Zuschlagstoffe war kaum vorhanden.

9. Kostspielige und zeitraubende Nebenarbeiten waren infolge der kurzen und einfachen Rinnenführung nicht notwendig.

III. Die Betonerfahrungen.

a) Temperaturmessungen.

An dem eingebauten Beton wurden Temperaturmessungen sofort nach Fertigstellung der einzelnen Baublöcke in den verschiedensten Tiefenlagen vorgenommen. Die Messungen wurden durchschnittlich 4 Wochen lang durchgeführt, und zwar wurde in den ersten 6 Tagen alle 6 Stunden und später alle 12 Stunden gemessen. Das Ergebnis war folgendes:

1. Verhältnis der Betontemperatur zur Außentemperatur:

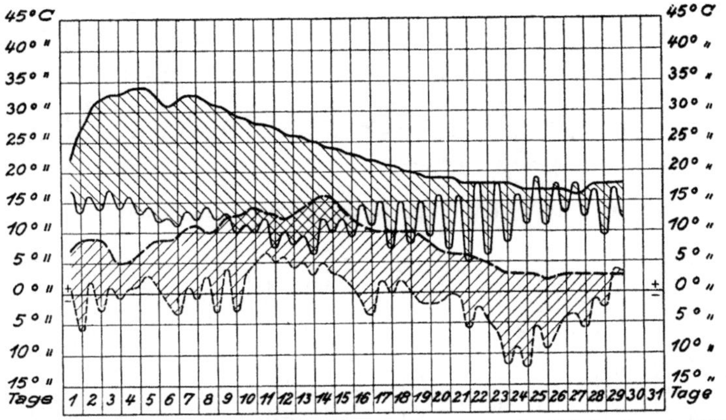

—— Temperatur des Betons, August 1925 - - - Temperatur des Betons, November 1925
—— Außentemperatur, " " - - - Außentemperatur, " "

Abb. 15.

Es zeigte sich, daß die Betonwärme im aufsteigenden Ast ihrer Kurve von der Außentemperatur in hohem Maße beeinflußt wird. (Vgl Abb. 15)

Bei hohen Außentemperaturen und geringen Unterschieden zwischen Tag- und Nachttemperaturen setzt die Abbindewärme des Betons rascher und mit höheren Warmegraden ein, als bei niedrigen Außentemperaturen und geringen Unterschieden in den Tag- und Nachttemperaturen.

Die Höchstwärme liegt im Durchschnitt auf 35° bei einer Außentemperatur von im Mittel 12/13° C. Bei starken Temperaturunterschieden in den Tages- und Nachtzeiten zeigt die Betonwärme ebenfalls Schwankungen von im Durchschnitt 5° C. Bei Außentemperaturen nahe der Frostgrenze sinkt die Abbindewärme des Betons auf 15° bis 20° C. Geht die Außentemperatur unter 0°, dann geht auch die Betonwärme zurück, um bei wachsender Außentemperatur alsdann in die alte Kurve wieder zurückzugehen.

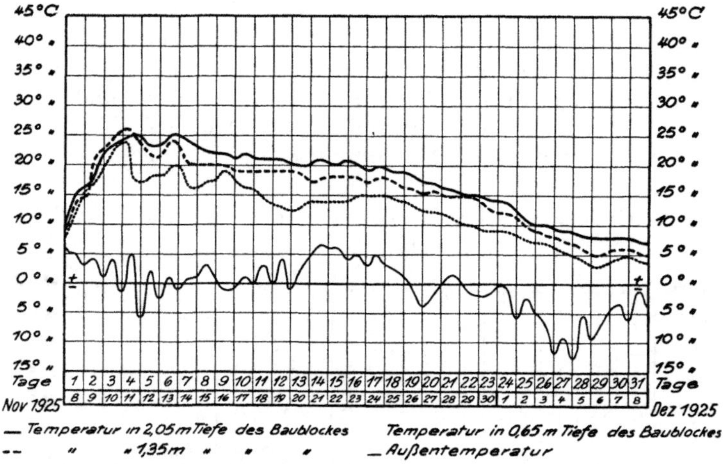

Abb. 16. Verlauf der Temperaturkurven im Bauwerk.

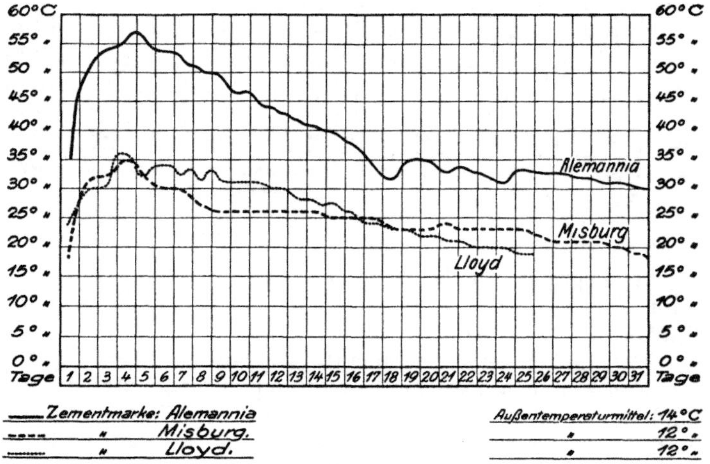

Abb. 17.

Mit der Tiefe im Baublock nimmt der Einfluß der Außentemperatur ab (Abb. 16).

Die Zeit für das Sinken der Betonwärme auf 18° C betrug im Durchschnitt 18/22 Tage. Je tiefer die Außentemperatur lag, desto weniger brauchte der Beton an Zeit, um eine Wärme von 18° C zu erreichen.

2. Verhältnis der Betontemperaturen zu den verschiedenen Zementen (Abb. 17):

Verwendet wurden:

Eisenportlandzement, Nordd. Hütte, Bremen,
Nordd. Zementfabrik, Misburg,
Alemannia Zement, Höver.

Zwischen dem Eisenportlandzement und dem Nordd. Zement, kurz „Misburg" genannt, besteht kein wesentlicher Unterschied. Ihre Temperaturkurven laufen annähernd parallel. Anders verhält es sich mit dem Alemannia-Zement, der meiner Ansicht nach infolge seines glänzend durchgeführten Brenn- und Mahlprozesses und wegen seines höheren Kalkgehaltes eine höhere Energie entwickelt und bei einer zur Zeit der Prüfung allerdings um etwa 2° C höheren Außentemperatur und einem etwas stärkeren Baublock eine Betonwärme bis zu 58° C am vierten bzw. fünften Tage entwickelte.

3. Verhältnis der Betontemperatur zur Stärke der Baublöcke

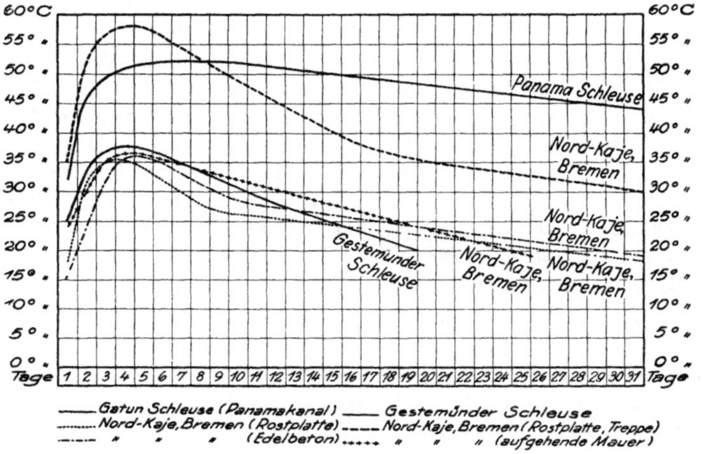

Abb. 18.

Die Stärke des Baublockes hat auf die Abbindewärme des Betons keinen so großen Einfluß, wie man wohl glaubt, da bei den verhältnismäßig großen Baublöcken in Geestemünde Temperaturen von 38° C und bei den Panamaschleusen solche von 52° C gemessen und bei den verhältnismäßig schmalen Mauerquerschnitten bei der Kajemauer in Bremen Durchschnittstemperaturen von 37° C, bei Verwendung von Alemannia-Zement sogar 58° C ebenfalls erreicht wurden.

b) Risseerscheinungen.

Risseerscheinungen im Bauwerk wurden bis auf einen Fall nicht festgestellt. Dieser letztere betrifft einen Baublock, der allerdings an einem Vorsprung der Mauer lag und sich dadurch ungleichmäßig ausdehnen konnte. Es ist hier nicht der Beton des in Arbeit befindlichen Baublocks gerissen, sondern der als Schalung dienende Splittbeton und das Verblendmauerwerk, die bereits früher hergestellt waren und Temperaturen von nur etwa 18° C besaßen.

Die Ursache ist darin zu suchen, daß der infolge seiner großen Hitze sich zuerst ausdehnende Baublock durch seine Haftung an dem Splittbeton und an dem Verblendmauerwerk diese nach der freien zurückspringenden Seite auseinanderriß, weil die bereits auf 18° C abgekühlten Bauwerksteile, Splittbeton und Verblendmauerwerk, dem raschen Temperaturwechsel nicht folgen konnten.

In den geraden Mauerstrecken, wo ebenfalls alle 60 m Temperaturfugen angeordnet wurden, traten Risseerscheinungen nicht auf, trotzdem an den Bauwerksteilen, die im Sommer betoniert wurden, nach etwa 3 Monaten Schwindmaße an den Temperaturfugen bis 10 mm festgestellt wurden. Ich führe das Nichtauftreten von Rissen auf den verringerten Wasserzusatz und ferner darauf zurück, daß zwischen den Temperaturfugen Baublöcke von 15 m Länge betoniert wurden. Infolge dieser drei weiteren Arbeitsfugen, deren Arbeiten bis zu 2 mm festgestellt wurden, übte das Schwinden des Betons auf das Bauwerk keinen schädlichen Einfluß aus. Daß die Schwindmaße bei den vertikalen Arbeitsfugen kleiner sind als an den Temperaturfugen, ist darauf zurückzuführen, daß die Konstruktionseisen bei den Arbeitsfugen durchlaufen.

Die Erfahrung lehrt also:

Der schwächste Teil des Gußbetonbauwerkes sind und bleiben, trotz aller theoretischen Versuche, in der Praxis immer die Arbeitsfugen. Alles Aufrauhen, Nässen, Schlemmen und Vernähen mit Bruchsteinen und Rundeisen hilft nichts. Man sehe daher die vertikalen Schichtfugen im Bauwerk von vornherein an den Punkten vor, wo sie ohne Schaden arbeiten können und benutze sie als Ausgleich der auftretenden inneren Betonspannungen, dann kann man damit das Unangenehme mit dem Zweckdienlichen verbinden.

Horizontale Arbeitsfugen sind hinsichtlich der Schwindmaße nicht so unangenehm, da sie durch das Schwergewicht der darüberliegenden Massen zusammengepreßt werden. Außerdem treten sie wegen der im allgemeinen zu geringen Höhe nur in ganz geringem Umfange auf.

c) Ermittlung des Betondruckes.

Es ist bekannt, daß der Seitendruck sowohl auf die Schalung wie auf die Verblendung bei Gußbeton ein erheblich größerer ist als bei Stampfbeton. Die Angaben, die bislang über die Höhe des Druckes gemacht waren, gehen erheblich auseinander. Wahrend die Amerikaner mit einem Druck von etwa $^1/_3$ mehr als bei Wasser rechnen, bin ich seinerzeit nach den Erfahrungen für die Berechnung der Betonschalungen für den Schleusenbau Geestemünde zu $^3/_4$ des Wasserdruckes gekommen.

Bei dem Bau der neuen Kajemauer in Bremen habe ich wiederum den Betondruck für die Berechnung der Stärke der Verblendung (vergl. Abb. 19) mit $^3/_4$ Wasserdruck an-

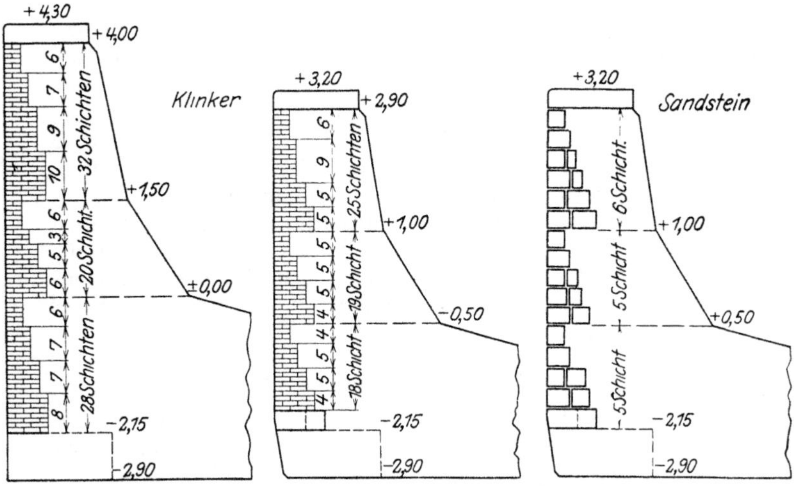

Abb. 19. Verblendmauerwerk fur die Kajemauer.

genommen und durch Versuche über die Zugfestigkeit von Betonmörtel 1 : 3, der für die Herstellung des Klinker- und Sandsteinmauerwerkes verwendet wurde, nach 20 und 24 Stunden und nachträglicher Rechnungsführung mit den Erfahrungswerten, die bei einem Ausweichen des Verblendmauerwerks gewonnen wurden, die Richtigkeit meiner Annahme festgestellt. Durch Entfernung der Trennwandschalungen in verschiedenen Baublöcken wurde der mittlere Böschungswinkel des Betons zu rd 30° festgestellt. Auch die Ermittlung nach der Erddruckformel

$$E_b = \frac{1}{2}\,\gamma\,h^2\,tg^2\left(45 - \frac{\varrho}{2}\right)$$

ergab die Höhe des Betondruckes zu $^3/_4$ des Wasserdruckes.

Der Betondruck auf die Seitenwände hängt von folgenden Faktoren ab:

1. Art des Mischungsverhältnisses.
2. Art der Zuschlagstoffe.
3. Zusatz von Traß.
4. Wasserzusatz.
5. Größe des Schalungsraumes.
6. Betonleistung pro Stunde.
7. Betonierungshöhe pro Tag.
8. Lage der Gießrinnen im Schalungsraum.
9. Fließgeschwindigkeit und Fallhöhe des Betons.

Hiervon üben die sechs letzten Umstände den größten Einfluß aus.

Zu beachten ist ferner, daß beim Einbringen des Betons in den Schalungsraum die Gießrinnen nicht zu dicht an die Schalung bzw. Verblendung, also mindestens in 2 bis 3 m Entfernung in der Gießrichtung und 1,5 m seitlich der Gießrichtung, herangerückt werden, da sich sonst der Betondruck naturgemäß durch die Wucht der herabstürzenden Betonmassen in erheblichem Maße vermehrt und alsdann zum Einstürzen der Seitenwände führen kann. Ist der Schalungsraum kleiner als die oben angegebenen Mindestentfernungen, dann müssen entweder die Seitenwände verstärkt werden oder die Einbringung des Betons muß mit sehr langsamer Fließgeschwindigkeit und in geringer Fallhöhe erfolgen.

d) Betonfestigkeitsprüfungen.

Die während der Bauausführung der Kajemauer vorgenommenen Festigkeitsprüfungen von Beton erstreckten sich auf folgende Gebiete:

1. Prüfung der Festigkeiten des für den Bau der Kajemauer verwendeten Betons.
2. Vergleich der Festigkeiten der unter 1. hergestellten Probewürfel mit den aus dem fertigen Bauwerk herausgestemmten Würfeln.
3. Die Prüfung der Festigkeiten verschiedener Zemente im Beton bei verschiedenen Mischungsverhältnissen, aber gleichem Wasserzusatz in Raumprozent.
4. Die Feststellung des Einflusses von Traßzusatz auf den Beton bei Verwendung verschiedener Zemente, verschiedener Mischungsverhältnisse und verschieden hohen Wasserzusatzes in Raumprozent.
5. Vergleich der Festigkeiten von Beton bei Verwendung verschiedener Zuschlagstoffe und verschiedener Mischungsverhältnisse, aber gleichen Wasserzusatzes in Raumprozent.

6. Vergleich der Festigkeiten von Beton bei verschiedenem Wasserzusatz und verschiedenen Mischungsverhältnissen.

Die Versuchsreihen wurden durchschnittlich zweimal, oft sogar drei- und viermal, und zwar zeitlich getrennt, mit jeweils zwei Würfelproben durchgeführt.

Es hatte sich nämlich gezeigt, daß es infolge der verschiedenen Wertigkeit der einzelnen Zementsorten, wie ich später unter Kapitel III f noch näher ausfuhren werde, zu Trugschlüssen führen kann, wenn man sich auf eine Probe zu drei Würfeln beschränkt und aus ihnen alsdann das Mittel zieht.

Ein einwandfreieres Bild ergibt die zeitlich getrennte doppelte Prüfung zu je zwei Würfeln mit verschiedenen Zementproben und, wenn dann die Versuchsergebnisse noch nicht übereinstimmen, die 3. Prüfung.

Meiner Ansicht nach sind auch die vielen widersprechenden Untersuchungsergebnisse auf die zu einseitig aufgebauten einmaligen Prüfungen zurückzuführen. Wie sehr die Ergebnisse schwanken können, zeigen die nachfolgenden Druckergebnisse von vier Versuchsreihen:

Betonmischungsverhältnis: =	(1:6) 193 Lit. Zement und 13 Raum % Wassergehalt	(1:1/4:6) 193 Lit. Zement und 48,25 Lit. Traß und 13 Raum % Wassergehalt
1 Versuchsreihe: =	(198)/(176) kg/cm²	148/142 kg/cm²
2. Versuchsreihe: =	117 „	„
3. Versuchsreihe: =	125/137 „	138/150 „
4. Versuchsreihe: =	138/130 „	169/155 „

Sie zeigen ferner nur zu deutlich, daß wir trotz aller Versuchstätigkeit restlos das „Rätsel Beton" immer noch nicht haben lösen können. — Die geringste Verschiebung in dem Verhältnis der die Festigkeit des Betons erzeugenden, vermehrenden und vermindernden Faktoren, wie ich sie später unter Kapitel III f noch näher besprechen werde, hat auch eine Verschiebung der Druckfestigkeit zur Folge. Wir müssen uns darüber klar sein, „daß trotz seiner rohen und ungefügen Masse der Beton ein Körper ist, der gar nicht vorsichtig und liebevoll genug von der Herstellung des Zementes an bis zur Nachbehandlung des fertigen Betons bearbeitet werden kann".

A. Die Baustoffe.

I. Bindemittel.

Verwendet wurden zwei verschiedene Sorten Portlandzement, Eisenportlandzement sowie Hochofenzement, im folgenden kurz mit Buchstaben bezeichnet.

1. Zemente:

Portlandzement A.
Normendruckfestigkeit nach 28 Tagen 500 bis 570 kg/cm²
Portlandzement B.
Normendruckfestigkeit nach 28 Tagen 400 bis 500 ,,
Eisenportlandzement C.
Normendruckfestigkeit nach 28 Tagen 400 bis 500 ,,
Hochofenzement D.
Normendruckfestigkeit nach 28 Tagen 400 bis 500 ,,

2. Traß:

Rheinischer Traß.

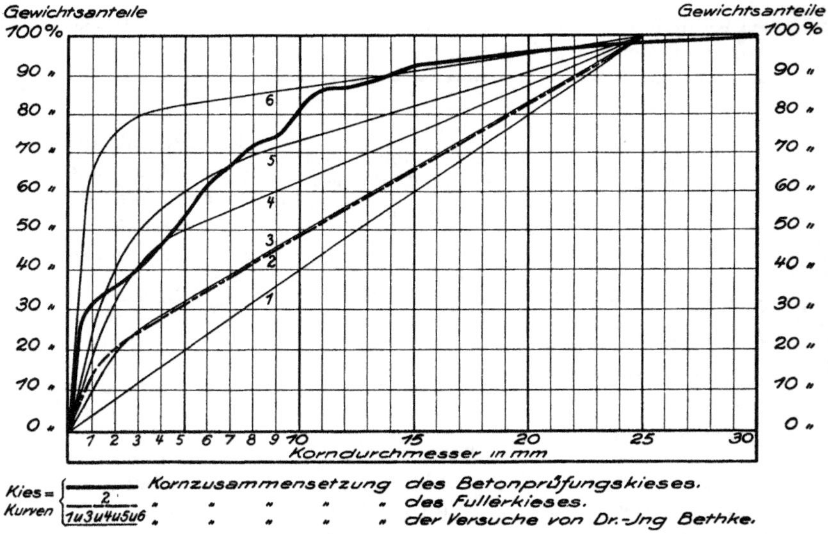

Abb. 20. Kurve Kornzusammensetzung für die Betonuntersuchungen.

II. Zuschlagstoffe.

1. Ungesiebter Kies.

Der Kies wurde in der Weser zwischen Allermündung und Dörverden gebaggert.

Um bei allen Würfeln gleiche Zusammensetzungen zu erhalten, wurde der Kies, wie vorstehende Kurve (vgl. Abb. 20) zeigt, in seiner Kornzusammensetzung durch Aussiebung festgelegt und das gesamte Material später in den festgesetzten Anteilen für die einzelnen Korngrößen wieder zusammengesetzt. Der Hohlraumgehalt des Kieses wurde in getrocknetem und eingerütteltem Zustande zu 23,6% festgestellt.

Nach den Untersuchungen der Moorversuchsstation Bremen besteht der „Kies" weit überwiegend aus Buntsandstein. Von Kieselsteinen sind sehr zahlreich Feuerstein und Quarzite, in untergeordneter Menge Basalt, Porphyr und Granit vorhanden. Der „Sand" besteht ganz überwiegend aus Quarzkörnern, denen in geringeren Mengen folgende Mineralien beigemengt und: Feldspat, Augit, Hornblende; äußerst spärlich Olivin sind Glimmer. Organische Bestandteile sind nicht vorhanden.

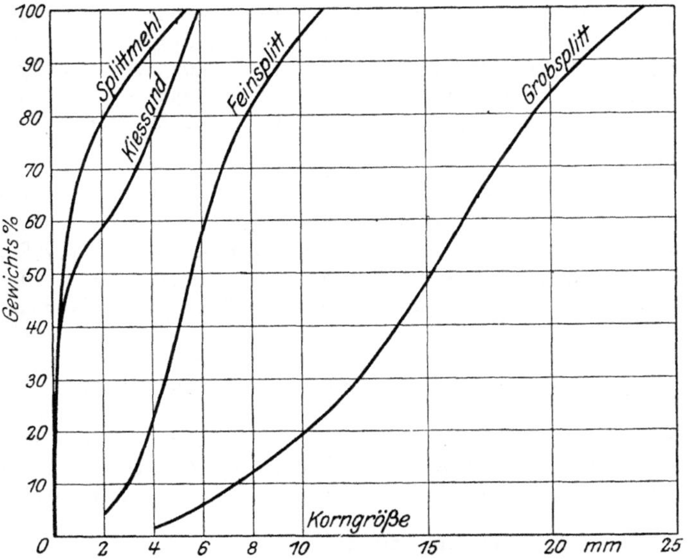

Abb. 21. Zuschlagskurven.

2. Gesiebter Piesberger Splitt.

Steinmehl von 0 bis 5 mm Korngröße.
Feinsplitt von 2 bis 11 mm Korngröße.
Grobsplitt von 4 bis 24 mm Korngröße.

An Stelle des Steinmehls wurde bei verschiedenen Prüfungen Kiessand von 0 bis 6 mm Korngröße verwendet.

Die Zusammensetzung des Materials geht aus vorstehender Kurve hervor (vgl. Abb. 21).

Nach den Mitteilungen des Georgs-Marien-Bergwerks- und Hütten-Vereins, A.-G., Osnabrück, besteht das Piesberger Steinmaterial aus hartem Kohlensandstein.

Zusammensetzu

Bislang übliche Angabe des Mischungsverhältnisses in Raumteilen der losen Masse	Auf 1 m³ fest												
	Zement	Traß	Wasse										
			8 Raum %		9 Raum %		10 Raum %		11 Raum %		12 Raum	
	Liter	Liter	Liter	W. Z. F.	Liter	W. Z. F.	Liter	W. Z. F.	Liter	W. Z. F.	Liter	W. F
1:5	232	—	111,4	0,480	125,3	0,540	139,2	0,600	153,1	0,660	167	0,7
1:1/8:5	232	29	113,7	0,490	127,9	0,551	142,1	0,612	156,3	0,673	170,5	0,7
1:1/4:5	232	58	116	0,500	130,5	0,562	145	0,625	159,5	0,687	174	0,7
1:1/2:5	232	116	120,6	0,520	135,7	0,585	150,8	0,650	165,9	0,715	181	0,7
1:3/4:5	232	174	125,3	0,540	140,9	0,607	156,6	0,675	172,3	0,742	187,9	0,8
1:6	193	—	108,2	0,560	121,8	0,630	135,3	0,701	148,8	0,771	162,4	0,8
1:1/8:6	193	24,12	110,2	0,570	123,9	0,642	137,7	0,713	151,5	0,785	165,3	0,8
1:1/4:6	193	48,25	112,1	0,580	126,1	0,653	140,1	0,726	154,1	0,798	168,2	0,8
1:1/2:6	193	96,50	116	0,600	130,5	0,675	145	0,751	159,4	0,826	173,9	0,9
1:3/4:6	193	144,75	119,8	0,620	134,8	0,698	149,8	0,776	164,8	0,853	179,7	0,9
1:8	145	—	104,4	0,720	117,4	0,810	130,5	0,900	143,6	0,990	156,6	1,0
1:1/8:8	145	18,12	105,9	0,730	119,1	0,821	132,3	0,912	145,5	1,003	158,8	1,0
1:1/4:8	145	36,25	107,3	0,740	120,7	0,832	134,1	0,925	147,5	1,017	161	1,1
1:1/2:8	145	72,50	110,2	0,760	124	0,855	137,8	0,950	151,5	1,045	165,3	1,1
1:3/4:8	145	108,75	113,1	0,780	127,2	0,877	141,4	0,975	155,5	1,072	169,7	1,1

Das Raumgewicht beträgt 2,5.
Das spezifische Gewicht beträgt 2,667.
Der Dichtigkeitsgrad beträgt 0,968.
Der Bruch ist scharfkantig, flachmuschlig rauh.

Die Druckfestigkeit, im trockenen Zustande parallel zur Lagerichtung ausgeführt, beträgt im Mittel 1947 kg/cm².

3. Fullerkies.

Verwendet wurde ebenfalls Weserkies, der nach der Fullerkurve mit den vorgeschriebenen Korngrößen zusammengestellt wurde.

Sämtliche Zuschlagstoffe wurden im getrockneten Zustande verarbeitet.

es Betons.

eton entfallen:

ehalt

3Raum %		14 Raum %		15 Raum %		16 Raum %		17 Raum %		18 Raum %		19 Raum %	
ter	W. Z. F.	Liter	W. Z. F.	Liter	W. Z. F.	Liter	W. Z. F.	Liter	W. Z. F.	Liter	W. Z. F.	Liter	W. Z. F.
1	0,780	194,9	0,840	208,8	0,900	222,7	0,960	236,6	1,020	250,6	1,080	264,5	1,140
4,7	0,796	198,9	0,857	213,2	0,918	227,4	0,980	241,6	1,041	255,8	1,102	270	1,163
8,5	0,812	203	0,875	217,5	0,937	232	1,000	246,5	1,062	261	1,125	275,5	1,187
6	0,845	211,1	0,910	226,2	0,975	241,3	1,040	256,4	1,105	271,4	1,170	286,5	1,235
3,6	0,877	219,2	0,945	234,9	1,012	250,6	1,080	266,2	1,147	281,9	1,215	297,5	1,282
5,9	0,911	189,4	0,981	202,9	1,051	216,5	1,121	230	1,191	243,5	1,261	257,1	1,331
9	0,927	192,8	0,998	206,6	1,070	220,3	1,141	234,1	1,213	247,9	1,284	261,7	1,355
2,2	0,943	196,2	1,016	210,2	1,089	224,2	1,161	238,1	1,234	252,2	1,306	266,2	1,379
8,5	0,976	202,9	1,051	217,4	1,126	231,9	1,201	246,4	1,276	260,9	1,351	275,4	1,426
4,7	1,008	209,7	1,086	224,7	1,164	239,6	1,241	254,6	1,319	269,6	1,396	284,6	1,474
9,7	1,170	182,7	1,260	195,8	1,350	208,8	1,440	221,9	1,530	234,9	1,620	248	1,710
2	1,186	185,2	1,277	198,5	1,368	211,7	1,460	224,9	1,551	238,2	1,642	251,4	1,733
4,4	1,202	187,8	1,295	201,2	1,387	214,6	1,480	228	1,572	241,4	1,665	254,8	1,757
9,1	1,235	192,9	1,330	206,6	1,425	220,4	1,520	234,2	1,615	248	1,710	261,7	1,805
3,8	1,267	197,9	1,365	212,1	1,462	226,2	1,560	240,3	1,657	254,5	1,755	268,6	1,852

III. Wasserzusatz.

Verwendet wurde Leitungswasser. Die Angabe des Wasserzusatzes erfolgte:

a) in Raumprozent der Summe der Einzelrauminhalte der Bindemittel und der gemischten Zuschlagstoffe;

b) in Litern;

c) als Wasserzementfaktor.

B. Mischungsverhältnisse.

Gewählt wurden die Mischungsverhältnisse mit und ohne Traß, wie sie in der obenstehenden Tabelle zusammengestellt sind.

C. Betonmischung.

Gemischt wurde $1^{1}/_{2}$ Minuten trocken, $1^{1}/_{2}$ Minuten naß unter langsamer Zugabe des Wassers.

D. Lagerung.

Die fertiggestellten Probekörper wurden im erdfeuchten Sand gelagert, um möglichst annähernd gleiche Verhältnisse wie im Bauwerk zu erhalten.

E. Würfelform.

Für die Prüfungen wurden die genormten eisernen Würfelformen $30 \times 30 \times 30$ cm gewählt, da sie den Bauwerks-

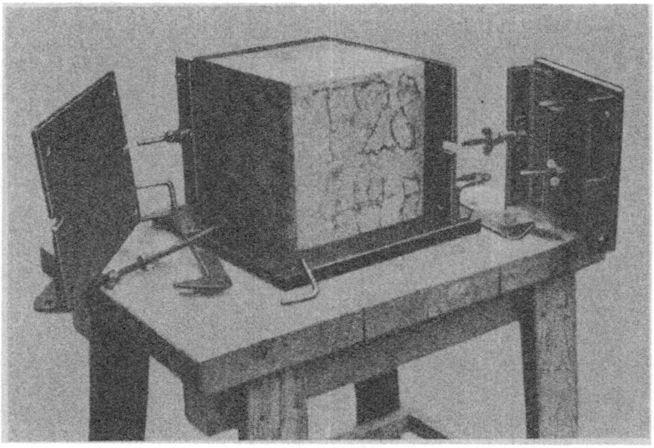

Abb. 22. Geöffneter Abgleichkasten.

festigkeiten bei Massenbeton näherkommen als die kleineren $20 \times 20 \times 20$ cm großen Würfel. — Ausgeschalt wurde nach 48 Stunden.

F. Das Abdrücken der Würfel.

Die Würfel wurden nach 28 Tagen in dem Prüfungslaboratorium der bremischen Baudirektion abgedrückt. Verwendet wurde eine 400-t-Öldruckpresse, System Martens, mit Handbetrieb. Die Prüfung erfolgt ständig unter Aufsicht eines Ingenieurs. Das Abdrücken von etwa 2000 Würfeln ergab die Möglichkeit, Erfahrungen zu sammeln.

Die neuesten Betonvorschriften besagen, daß der Druck während der Prüfung langsam und stetig zu steigern ist, ungefähr derart, daß die Spannung im Probekörper in der Sekunde um 2 bis 3 kg/cm² zunimmt.

Dieser Vorschrift werden Druckpressen mit Handpumpen nicht einwandfrei entsprechen können, da hier wiederum die große Fehlerquelle der menschlichen Arbeitskraft nicht ausgeschaltet ist. Anfangs erfolgt die Druckzunahme zu rasch, nachher zu langsam Ganz abgesehen davon, daß gerade bei hohen Druckfestigkeiten der Würfel eine Ermüdung des Bedienungsmannes in erheblichem Maße eintritt.

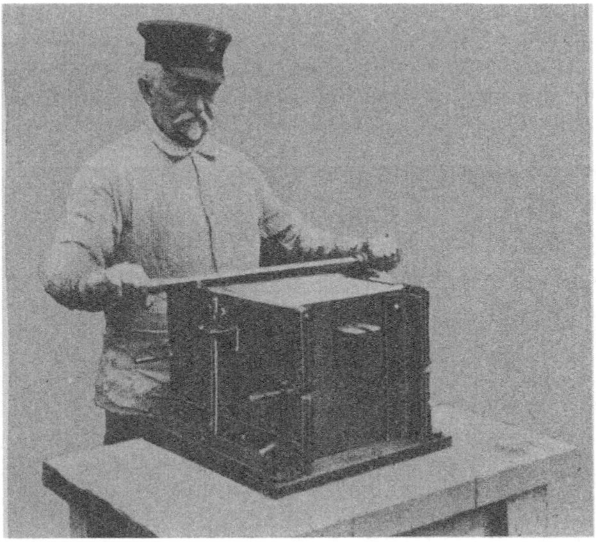

Abb. 23. Geschlossener Abgleichkasten.

„Zu fordern ist daher, daß allgemein Prüfungsmaschinen ohne maschinellen Antrieb nicht mehr verwendet werden dürfen."

Ich weise hierbei auf die Erfahrung hin, die ich bei der Normenprüfung mit Zement gemacht habe. Meine Prüfungsergebnisse lagen immer bis zu 25% unter den Werksattesten. Eine unreelle Prüfungsmethode war bei der in Frage kommenden Zementfabrik meiner Ansicht nach ausgeschlossen. Um dieser Fehlerquelle auf den Grund zu gehen, erfolgten weitere Zementprüfungen durch den Laboranten der Zementfabrik in dem Prüfungsraume des Hafenbauamtes unter unserer Aufsicht. Tatsächlich kamen nunmehr unsere Ergebnisse bis auf 5 bis 10% an diejenigen heran, die mit demselben Zement aus demselben

Sack in der Fabrik gemacht worden waren. — Und worin lag die Ursache? Einzig und allein in der verschiedenartigen Bedienung der Ölpumpe durch den Bedienungsmann, trotz der neuen Betonvorschriften.

Diese erhebliche Fehlerquelle kann aber nicht durch die vorgeschriebene Druckzunahme von 2 bis 3 kg/cm^2 pro Sekunde ausgeschaltet werden, da die menschliche Arbeitskraft durch Erlassen von Vorschriften nicht zwangsläufig geführt werden kann, sondern nur „durch den maschinellen Antrieb".

Eine weitere Fehlerquelle liegt in der ungleichen Beschaffenheit der Würfel. Trotz aller Sorgfalt bei der Herstellung der Probekörper, trotz peinlichster Sauberhaltung der eisernen Würfelformen läßt es sich, zumindest auf Baustellen, nicht verhindern, daß durch das Arbeitspersonal Verschiebungen in der Planparallelität bis zu 2 mm vorkommen,

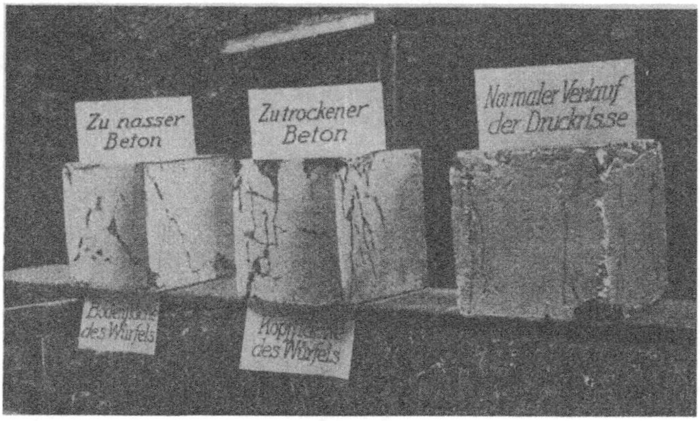

Abb. 24. Verlauf der Druckrisse.

und diese Verschiebungen und Unebenheiten kann die Prüfmaschine mit der gelenkigen Lagerung der unteren Druckplatte nicht ausgleichen. Die plötzlich abfallende Druckfestigkeit solcher Würfel, die Lage ihrer Druckrisse, weisen immer wieder auf dieselbe Ursache hin.

Ich ging nunmehr dazu über, jeden Würfel im Durchschnitt 5 Tage vor dem Abdrücken auf den betreffenden Druckseiten mit einer 0,5 cm starken Zementabgleichschicht aus Feinsand unter 0,5 mm Korngröße zu versehen. Um hierbei einwandfreie Planparallelität der Abgleichschichten zu erreichen, wurde ein besonders konstruierter Abgleichkasten benutzt, wie die Abbildung erkennen läßt (vgl. Abb. 22 u. 23).

Die oberen Kanten der Seitenteile wurden geschärft und gehärtet; das Abgleichen erfolgte mit einem eisernen Dreikant mit verschieden scharfen Kanten. Die Starke von 0,5 cm der Abgleichschicht wurde durch ebenso starke Stahlplatten, die unter die Seitenwände in die Zapfen eingelassen wurden, erreicht.

Auf diese Weise wurde die absolut gleiche Planparallelität bei allen Prüfungswürfeln erzielt.

Bei der Herstellung der Guß- und Flußbetonprobewurfel in den eisernen Formen stellte es sich heraus, daß an den Kanten, wo die Seitenteile und der Boden zusammenstoßen, das Wasser austrat. Da jedoch jeder Verlust an Wasser aus der Würfelform die Druckfestigkeit des Betons erhöht und damit das Prüfungsergebnis verschiebt, ist es unbedingt notwendig, daß sämtliche Kanten gedichtet werden.

Ein weiterer Nachteil des nassen Betons zeigte sich beim Abdrücken, wo die Zerstörung immer am Boden der Würfel zuerst eintrat (vgl. Abb. 24).

Und warum? Das überschüssige Wasser setzt sich sowohl beim Einbringen wie wahrend der 48stündigen Abbindezeit und Anfangserhärtung in den eisernen Würfelformen in den unteren Schichten des Betonwürfels ab und gibt damit dem

Mischungsverhältnisse	Wasserzusatz in		Mahlfeinheit des Zementes, Rückstand auf dem Maschensieb		Normenfestigkeit des Zementes nach 28 Tagen kg/cm²	Gewicht des Würfels in kg	Bezeichnung des Würfels	Art der Lagerung des Würfels	Druckfestigkeit nach .... Tagen kg/cm²	Lage der Druckrisse
	Raumprozent	Litern	900	4900						
.... Liter Zuschlagstoffe .... Liter Zement .... Liter Traß										

Beton zweierlei Festigkeitszonen. Der obere Teil mit geringerem Wasser hat höhere Festigkeit als die untere wasserdurchsättigte Zone. — Zur Kontrolle wurden zwei 60 cm hohe Säulen von 30 × 30 cm^2 Querschnitt aus Kiesbeton mit 17 Raumprozent Wassergehalt mit 232 und 193 Liter Zementzusatz auf „1 cbm festen Beton" hergestellt.

Die Druckfestigkeit nach 28 Tagen ergab sich zu

	Säule A		Säule B	
	Gewicht	Festigkeit	Gewicht	Festigkeit
oben	Gewicht: 61 kg	134 kg/cm^2	Gewicht: 61,3 kg	96 kg/cm^2
unten	Gewicht: 60,5 kg	108 kg/cm^2	Gewicht: 59,0 kg	81 kg/cm^2
	232 Liter Zement		193 Liter Zement	

„Mit Recht ist daraus für die Praxis zu schließen, daß bei hohen eingebrachten Betonschichten und nassem Beton der obere Teil des in Arbeit befindlichen Körpers höhere Festigkeiten erzielen wird als der untere, in den das uberschüssige Wasser hineinziehen wird. Und diese Gefahr wächst, wenn grobes Zuschlagmaterial in falscher Kornzusammensetzung und zu großer Wasserzusatz gewählt und auf die Herstellung eines dichten Betongefuges nicht die nötige Sorgfalt verwendet wird."

Um alle zur Beurteilung der Druckfestigkeit des Betons erforderlichen Faktoren bei Vornahme der Proben zu erfassen, ist es notwendig, die Prüfungsliste dementsprechend auch aufzustellen, wie es das Beispiel auf Seite 31 zeigt.

Ferner sollte man grundsätzlich die Betonkörper vor der Festigkeitsprüfung weißen, um das erste Auftreten und den Verlauf der Risse genau verfolgen zu können. Denn gerade die Lage der Risse gibt manchen Aufschluß über die erreichte Festigkeit. Man sollte sich daher, wenn irgend angängig, nicht mit der Vorlage der Festigkeitsergebnisse begnügen, sondern selbst bei der Prüfung anwesend sein. Die anscheinend „verlorene" Zeit macht sich später doch „glänzend" bei der Beurteilung des Betons bezahlt.

e) Betonmaterialien, Betonmischungsverhältnisse für die Herstellung der Kajemauer und ihre Bauwerksfestigkeiten.

Als Zuschlagstoff für den Beton der Kajemauer ist ungesiebter Kies, welcher aus der Weser zwischen Allermündung und Dörverden gebaggert wurde, mit einem Hohlraumgehalt in eingerütteltem und getrocknetem Zustande von 23 bis 25% verwendet worden (vgl. Abb. 25).

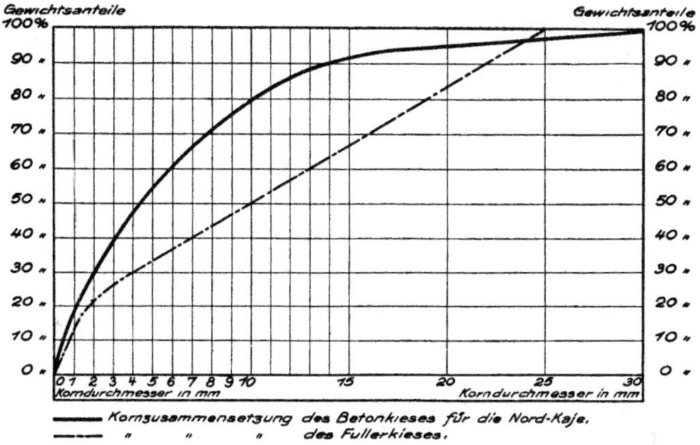

Abb. 25. Kieskurven.

Für 1 m³ feste Betonmasse wurden benötigt:

a) Rostplatte:

	Zement		Traß	Kies	(Poren-wasser)	Wasser-zusatz
In Raum-	1	N. D. F. 28 T[1] 400/500 500/580	1	1	1	1
teilen . .	190		85	1160	45 (40)	170 (145)

b) aufgehendes Mauerwerk:

	Zement		Traß	Kies	(Poren-wasser)	Wasser-zusatz
In Raum-	1	N. D. F. 28 T[1] 400/500 500/530	1	1	1	1
teilen . .	153		65	1160	45 (40)	165 (135)

Ich füge hier absichtlich nicht, wie bisher üblich, das Betonmischungsverhältnis, sondern die für „1 m³ festen Beton" benötigte lose Masse von Bindemitteln, Zuschlagstoffen und Wasser an; denn aus der nackten Angabe des Mischungsverhältnisses 1 : ½ : 6 geht weder die lose Masse noch die Höhe des Wasserzusatzes hervor. Beide Angaben sind aber für eine

[1]) N. D. F. 28 T 400/500 bedeutet: Normendruckfestigkeit nach 28 Tagen 400 bis 500 kg/cm².

vergleichende Betonerforschung ebenso notwendig wie die genaue Erfassung der Bindemittel und des verwendeten Zuschlagmaterials.

Ich habe nämlich bei meinen letzten Vergleichsuntersuchungen unendlich viel Zeit und Mühe aufwenden müssen, um mir aus dem Text der Veröffentlichungen anderer Bauausführungen und Versuche vergleichende Angaben zusammenzustellen. Und oft habe ich vergeblich gesucht, weil die alleinige Angabe des Mischungsverhältnisses mehr als dürftig ist.

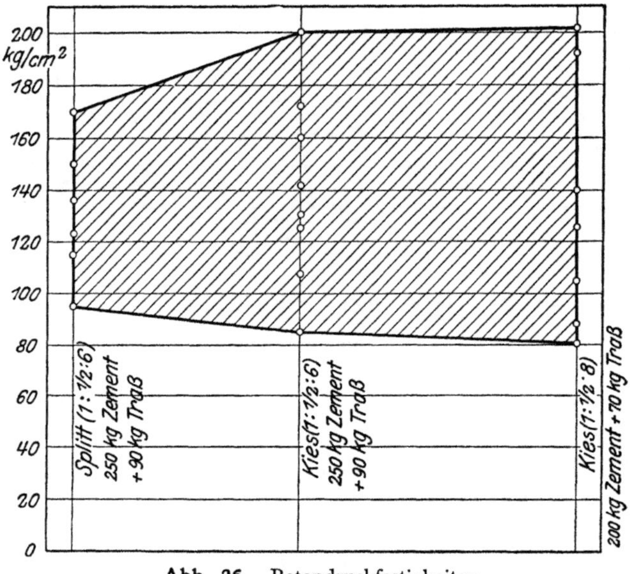

Abb. 26. Betondruckfestigkeiten verschiedener Mischungsverhältnisse nach drei Monaten.

Wenn man die Druckfestigkeiten der Würfel nach drei Monaten (vgl. Abb. 26) betrachtet, dann muß man sich fragen, was hat eigentlich die Angabe des Mischungsverhältnisses noch mit diesen Festigkeiten zu tun? Wohin führt der Weg, wenn ich erkennen muß, daß ich mit 1 : ½ : 8, also einem mageren Mischungsverhältnis, in derselben Zeit höhere Festigkeiten erziele als mit 1 : ½ : 6 mit Kies- und Splittzuschlägen?

Und worin liegen die Unterschiede?

1. In der Zusammensetzung der Zuschlagstoffe.
2. In dem bislang nicht genug berücksichtigten Porenwasser der Zuschlagstoffe.
3. In dem ungleichmäßigen Wasserzusatz.
4. In der verschiedenen Normenfestigkeit der Zemente.

Alles Gesichtspunkte, die die Angabe des Mischungsverhältnisses 1 : ½ : 6 bzw. 1 : ½ : 8 völlig außer acht lassen.

Von diesen Gesichtspunkten ausgehend, würde ich es begrüßen, wenn es Allgemeingut würde, an Stelle der Angabe des Mischungsverhältnisses aufzuführen:

„wieviel Bindemittel, Kies einschl. Porenwasser und Wasserzusatz benötigt werden, um 1 m^3 festen Beton herzustellen, und welche Beschaffenheit und Kornzusammensetzung das Zuschlagmaterial und welche Normenfestigkeit der Zement besitzt“.

Bislang ist die Feststellung, wieviel Zement zu einem bestimmten Betonmischungsverhältnis nötig ist, in der großen Allgemeinheit in der Weise erfolgt, wie es die in dem Zementkalender 1926 abgedruckte Mischungstabelle ergibt:

Mischungsverhältnis	Zement kg	Kiessand l	Sand l	Schotter l	Druckfestigkeit nach 28 Tagen
1 : 3	470	1010	—	—	250 bis 350 kg/cm^2
1 : 6	259	1100	—	—	140 „ 180 „
1 : 12	135	1250	—	—	50 „ 30 „
1 : 2 : 4	300	—	450	900	180 „ 240 „
1 : 4 : 8	152	—	450	900	70 „ 100 „

Diese Art der Feststellung des Zementzusatzes ist meiner Ansicht nach falsch. Verwendet man nämlich nach obiger Tabelle zur Herstellung von Beton 1 : 2 : 4 einen Zuschlagstoff mit großem Hohlraumgehalt, wie beispielsweise Splitt, so benötigt man zur Herstellung von 1 m^3 Beton beispielsweise 450 und 900 = 1350 l Zuschlagstoffe und 300 kg Zement, während man zur Herstellung von Kiesbeton 1 : 6 mit einem Zuschlagstoff von geringem Hohlraumgehalt nur 1100 l Kies und 259 kg Zement für 1 m^3 festen Beton benötigt.

Richtet man also die Zementmenge nach der aufzuwendenden losen Masse der Zuschlagstoffe, so benötigt man für den Splittbeton gegenüber dem Kiesbeton 300 — 259 = 41 kg Zement mehr. Es liegt da selbstverständlich auf der Hand, daß der Splittbeton bei anscheinend gleichem Mischungsverhältnis durch den höheren Zusatz von Zement auf 1 m^3 feste Betonmasse auch erheblich hohere Festigkeiten bekommen muß, ohne daß diese Festigkeitszunahme allein dem Splitt zuzuschreiben ist. — Das gleiche ist der Fall mit Betonkies, wo einmal bei Kies mit geringem Hohlraumgehalt weniger Material für 1 m^3 festen Beton benötigt wird als bei Kies mit größerem Hohlraumgehalt.

Eine derartig schwankende Zementdosierung erschwert natürlich die vergleichende Betonuntersuchung ungemein und trübt das klare Bild über die Festigkeitseigenschaften des Betons und die Güte der Zuschlagstoffe.

Diese Überlegung führt naturgemäß dazu, daß man von einem Mischungsverhältnis nach Angabe von Raumteilen oder Gewichtsteilen der losen Masse Abstand nehmen und entweder, wie ich es vorher schon empfohlen habe, allgemein einführen muß, wieviel an Betonmaterialien auf 1 m^3 feste Betonmasse entfallen, oder aber das Mischungsverhältnis auf feste Betonmasse zu beziehen. Z. B. festes Mischungsverhältnis 1:5 ergibt 200 l Zement bei 1000 l „fester" Betonmasse.

Diese letztere Angabe des Mischungsverhältnisses besitzt nämlich den großen Vorteil der Übersichtlichkeit und Vergleichsfähigkeit.

Will man nunmehr für eine bestimmte Mischungsmenge die Zementdosierung erhalten, so muß man natürlich die 200 l auf die für 1 m^3 festen Beton erforderliche Zuschlagsmenge verteilen. Dazu ist es notwendig, daß man vor Beginn des Betonierens bestimmt, wieviel Zuschlagsmaterial für 1 m^3 festen Beton benötigt wird.

Wir müssen uns also auch hier von der Überlieferung freimachen! „Überlegen wir uns doch, daß wir die Festigkeit des Betons nicht von der losen Betonmasse, sondern von dem erhärteten Beton bestimmen, wobei es ganz gleichgültig ist, ob 1200 oder 1500 l lose Masse zu der Herstellung von „1 m^3 festem Beton" benötigt wurden."

Als Einheit ist daher „1 m^3 fester Beton" einzuführen und auf 1 m^3 das Mischungsverhältnis aufzubauen. Im Grunde genommen bleibt es sich natürlich gleich, ob ich zur Erläuterung der Betonfestigkeit erkläre, ich habe nach losen Raumteilen oder Gewichtsteilen gemischt, oder ob ich die Angaben auf „1 m^3 festen Beton beziehe". Der Unterschied liegt nur darin, daß ich bei der Angabe 1 : 6 in Raumteilen oder Gewichtsteilen nie genau erkennen kann, wieviel Liter Bindemittel sind denn nun eigentlich auf „1 m^3 festen Beton" verwendet worden, da man von der losen Masse der Zuschlagstoffe abhängig ist, die dauernd Schwankungen unterworfen ist und in der Angabe nicht erfaßt wird.

Wenn ich nun aber das Mischungsverhältnis auf „1 m^3 festen Beton" beziehe, also z. B. 1 : 5, so ergibt sich 1000 : 5 = 200 l Zement, wobei die Zahl 1000 l, in allen Fällen auf „1 m^3 festen Beton" bezogen, unveränderlich bleibt. Das gleiche Ergebnis erziele ich mit der Angabe der verbrauchten Bindemittel in Liter auf „1 m^3 festen Beton". Erfolgt dazu noch die Angabe des Wassergehaltes, also Wasserzusatz und

Porenwasser der Zuschlagstoffe, ferner die Angabe der Kornzusammensetzung und des Materials der Zuschlagstoffe, dann ist endlich in allen Fällen eindeutig bestimmt, worauf sich die Festigkeit des Betons aufbaut.

Machen wir uns Vorstehendes an einem Beispiel klar, so ergibt sich:

a) Bislang übliche Angabe des Mischungsverhältnisses in Raumteilen:

1 : ½ : 6.

1 Rt. Zement : ½ Rt. Traß : 6 Rt. Kies,

wobei fehlt:

1. die genaue Mengenangabe von Zement und Traß auf 1 m^3 festen Beton,
2. die Normenfestigkeit des Zementes,
3. der Wassergehalt des Betongemisches.

b) Angabe der verbrauchten Bindemittel und Zuschlagstoffe und Wasser auf „1 m^3 festen Beton":

200 l Zement (N. D. F. 28 T 400/500 [2]),
100 l Traß,
200 l Wassergehalt,

womit alles angegeben ist, was für die Betonfestigkeit bestimmend ist.

c) Angabe des Mischungsverhältnisses auf „1 m^3 festen Beton":

1 400/500 [2]) : 0,5 : 1,2 : 5
(Zement : Traß : Wassergehalt : festen Beton),

das heißt also:

Es waren für „1 m^3 festen Beton" erforderlich:

1000 : 5 . 1 = 200 l Zement, mit einer Normendruckfestigkeit nach 28 Tagen von 400 bis 500 kg/cm^2,
1000 : 5 . 0,5 = 100 l Traß,
1000 : 5 . 1,2 = 240 l Wassergehalt, also einschl. Porenwasser des Zuschlagstoffes.

Wie oben schon gesagt, ist es ferner einzuführen, daß die Kornzusammensetzung und das Material des Zuschlagstoffes anschließend mit aufgegeben wird.

Wie aus den Kurven hervorgeht (siehe Seite 38), schwankt die Bauwerksfestigkeit des Betons bei gleichen Zuschlag-

[2]) N. D. F. 28 T. 400/500 bedeutet: Normendruckfestigkeit nach 28 Tagen = 400 bis 500 kg/cm^2.

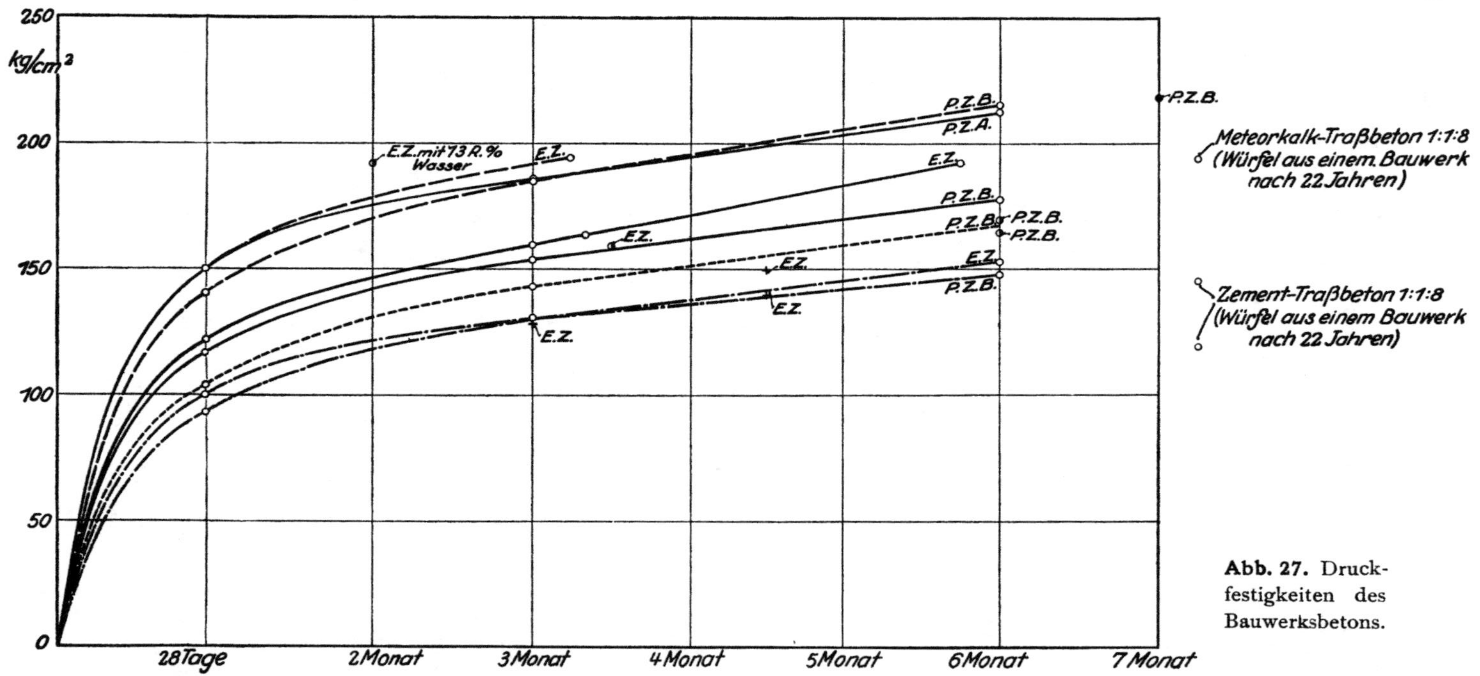

Abb. 27. Druckfestigkeiten des Bauwerksbetons.

stoffen, gleichem Wasserzusatz und gleicher Zementdosierung mit 153 bzw. 159 und 185 kg/cm² nach drei Monaten doch erheblich. Diese Unterschiede sind jedoch nur auf die Verwendung verschiedener Zemente mit ihren verschieden hohen Normenfestigkeiten und ihrem verschiedenen Verhalten zum Traßzusatz und Wasserzusatz zurückzuführen.

Zu beachten ist, daß die Festigkeit des Betons mit ungesiebtem Weserkies, aber mit einem Portlandzement von höherer Normenfestigkeit, aber keinem hochwertigen Zement, gleich hohe Festigkeiten ergibt wie Splittbeton, für den ein Portlandzement mit durchschnittlicher Normenfestigkeit verwendet wurde (vgl. Abb. 27).

Betonart	Auf 1cbm festen Beton entfallen:		Ergebnisse der Proben:	
	Gewicht	Zement Traß	aus dem Mischgut entnommen	aus dem fertigen Bauwerk ausgestemmt
Kiesbeton	250 kg +85 "	Portlandzement A. u. B. Eisenportlandzement Traß	P.Z.A. u. P.Z.B E.Z.	◦ P.Z.B. ◦ E.Z.
Splittbeton	250 " +85 "	Portlandzement B. Eisenportlandzement Traß	P.Z.B. E.Z.	• P.Z.B.
Kiesbeton	200 " +65 "	Portlandzement B. Eisenportlandzement Traß	P.Z.B. E.Z.	+ E.Z.
Fuller-Kiesbeton	250 " +85 "	Portlandzement B Traß	P.Z.B.	

Zu Abb. 27.

Der Wasserzusatz zum Beton bei der Herstellung des Bauwerkes lag anfangs im Mittel bei 12 Raumprozent und 4 Raumprozent Porenwasser des Kieses, Gesamtwassergehalt also rund 15 Raumprozent. Ein Abzug für Verdunstung und Versickerung von Wasser u. a. ist dabei nicht gemacht, weil allen diesen Angaben immer nur Schätzungen zugrundegelegt werden können. Durch den Einbau der späterhin noch näherbeschriebenen automatisch regulierbaren Wasserabmeßgefäße konnte der Wasserzusatz zum Beton auf 10 Raumprozent bei 3,5 Raumprozent Porenwasser des Kieses herabgemindert werden, Gesamtwassergehalt also rund 12,8 Raumprozent. Trockener konnte wegen der Dichte der Eiseneinlagen nicht gemischt werden. Die Unterschiede im Wasserzusatz schwankten bei trockener, heißer Witterung und bei feuchten, kalten Tagen um etwa 2 Raumprozent.

Die natürliche Folge des abgedrosselten Wasserzusatzes war natürlich ein Heraufschnellen der Betondruckfestigkeiten im Bauwerk, wie das in die Kurven hineingezeichnete Ergebnis eines ausgestemmten Würfels aus der Rostplatte der Kajemauer mit 192 kg/cm² nach 2 Monaten zeigt! (Vgl. Abb. 27.)

Der Vergleich der Festigkeiten der aus dem fertigen Bauwerk herausgestemmten Würfel mit den in den eisernen Würfelformen 30/30/30 cm hergestellten Proben aus der in das Bauwerk gegossenen losen Betonmasse ergibt, daß die Festigkeiten mit hinreichender Genauigkeit übereinstimmten.

Diese Übereinstimmung mit den Bauwerksfestigkeiten wird aber immer nur dann erzielt werden können, wenn der Beton kein überschüssiges Wasser abgeben kann, da sonst dasselbe aus den eisernen Würfelformen infolge ihrer Undichtigkeit an den Kanten, wo die einzelnen Platten aneinanderstoßen, abfließt. Diese Ungleichheit des Wassergehaltes der Würfel gegenüber dem Bauwerk sind „ein" Grund mit für die bekannten Ausreißer bei den Prüfungen, wo die Festigkeiten von Guß- und Fußbeton entweder zu hoch oder zu niedrig liegen und dann niemals in die Kurve hineinpassen wollen.

f) Einfluß von Zuschlagstoffen und Bindemitteln auf die Betonfestigkeit.

Der Maßstab für die Güte des Betons ist seine Festigkeit und seine Dichtigkeit. Diese Erkenntnis schließt aber auch gleichzeitig die Forderung in sich, alle diejenigen Faktoren sorgfältig bei der Herstellung des Betons heranzuziehen, die diese Eigenschaften erzeugen und vermehren. Wovon hängt nun die Festigkeit des Betons ab:

A. Äußere Einflüsse:

1. Außentemperatur
2. Witterung
3. Art der Lagerung des Betons
4. Beschaffenheit der Schalung
5. Stärke des Bauwerkes
6. Bereitung des Betons
   a) Güte der Mischmaschine
   b) Dauer der Trocken- und Naßmischung
   c) Art der Zuführung in das Bauwerk
   d) Transportweite
   e) Verarbeitung der Betonmasse in der Schalung
7. Nachbehandlung des Betons.

B. Innere Einflüsse:

1. Bindemittel
   a) Chemische Beschaffenheit
   b) Beschaffenheit des Brandes
   c) Mahlfeinheit
   d) Alter der Bindemittel
   e) Menge der Bindemittel.
2. Zusatzstoffe
   I. Traß, Steinmehl
      a) Mahlfeinheit
      b) Beschaffenheit (naß oder trocken).
3. Zuschlagstoffe
   I. Kies oder Splitt
      a) Mineralische Beschaffenheit
      b) Struktur der Zuschlagstoffe
      c) Hohlraumgehalt
      d) Kornzusammensetzung
      e) Wassergehalt.
4. Wasser
   a) Chemische Beschaffenheit
   b) Höhe des Wasserzusatzes.

Wenn auch der Splitt oder Kies mit einer Kornzusammensetzung nach der sogenannten Fullerkurve die besten Zuschlagstoffe darstellen sollen, so sind sie damit noch nicht für alle Bauwerke, namentlich bei Massenbeton, die „wirtschaftlichsten". Und die letztere Eigenschaft ist in der heutigen Wirtschaftsnot das Ausschlaggebende.

Führt man sich vor Augen, daß die Festigkeit des Betons von hauptsächlich drei Faktoren abhängt, nämlich:

1. Bindemittel
2. Zuschlagstoffe
3. Wassergehalt,

so erkennt man, daß ohne große Kosten der Wasserzusatz auf das geringste Maß zurückgeschraubt werden kann.

Anders verhält es sich mit den Zuschlagstoffen. Will man eine Kieszusammensetzung ähnlich der Fullerkurve haben, dann muß man auf den billigeren, natürlich anstehenden Kies verzichten und gesiebtes, teueres Material verwenden. Will man höher hinaus, dann greift man zu dem noch teueren Splittzuschlag. In allen Fällen spielt für die Wahl der Zuschlagstoffe die Art und die Lage des Bauwerkes zu den Gewinnungsorten der letzteren eine ausschlaggebende Rolle.

Vergleich von Kies- und Splittbeton

Art und Zusammensetzung des Betons	auf 1 cbm festen Beton: Zementzusatz l	auf 1 cbm festen Beton: Normenfestigkeit des Zementes kg/cm²	auf 1 cbm festen Beton: Traßzusatz l	auf 1 cbm festen Beton: Wassergehalt in Raum%	Erzielte Druckfestigkeit nach 28 Tagen kg/cm²	Erzielte Druckfestigkeit nach 3 Monaten kg/cm²	Preis pro cbm Beton RM.
1. Splittbeton Grob- u. Feinsplitt und Steinmehl zu gleichen Teilen[1])	191	400/500	85	15	147	—	41,95
2. Splittkiesbeton Grob- und Feinsplitt u. Feinkies unter 6 mm zu gleichen Teilen[1])	191	400/500	85	15	150	185	41,05
3. Fullerkiesbeton aus gesiebtem Weserkies[2])	191	400/500	85	15	105	143	38,75
4. Kiesbeton aus ungesiebtem Weserkies[3]) . . .	191	400/500	85	15	117	153	36,05
5. Kiesbeton aus ungesiebtem Weserkies[3]) . . .	191	500/570	85	15	145	175	36,05
6. Kiesbeton aus ungesiebtem Weserkies[3]) . . .	228	400/500	85	15	151	--	41,05

Vergleicht man nun, als Kernpunkt der Wirtschaftlichkeit, die erzielten Festigkeiten und ermittelt den Einfluß von Bindemitteln und Zuschlagstoffen auf die Höhe der Festigkeit, so erkennt man, wieviel mehr die Wirtschaftlichkeit durch die

[1]) Vergl. die Kornzusammensetzung Abb. Nr. 21.

[2]) Vergl. die Kornzusammensetzung Abb. Nr. 21.

[3]) Vergl. die Kornzusammensetzung Abb. Nr. 25.

Güte des Zementes als durch die Zuschlagstoffe gesteigert werden kann. Mit dem Durchschnittszement, wie er heute noch verwendet werden muß, und den teueren gesiebten Zuschlagstoffen erzielt man nicht viel höhere Festigkeiten als mit einem natürlich anstehenden Kies mit größerem Sandgehalt und einem Zement, der aber einem

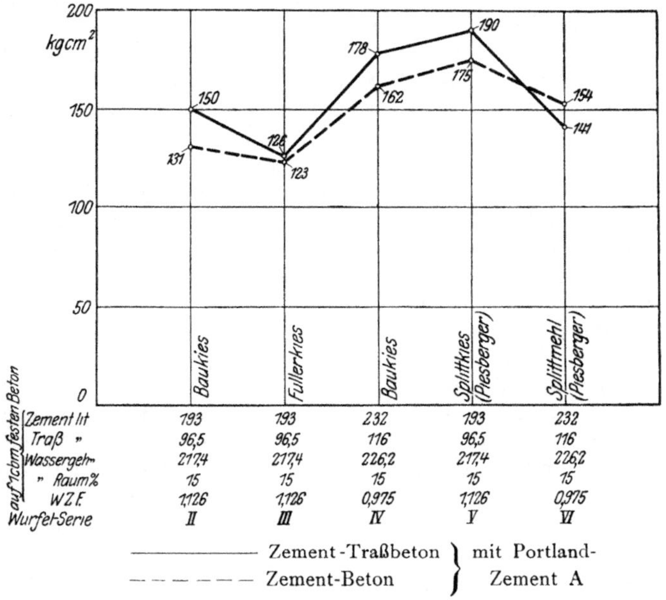

Abb. 28.

Betondruckfestigkeitsergebnisse nach 28 Tagen fur Portland-Zement „A“ bei verschiedenen Mischungsverhaltnissen u. Zuschlagstoffen, aber gleichem Wassergehalt von 15 Raumprozent.

modernen, besseren Brenn- und Mahlprozeß unterworfen gewesen ist.

„Vergleicht man nun die Kosten des Betons, dann kommt man zu dem Ergebnis, daß es bei „vielen Bauwerken“ mit „Massenbeton“ vorerst noch wirtschaftlicher ist, den billigen ungesiebten Naturkies mit einem besseren Zement zu verwenden oder durch Erhöhung des Zusatzes von Durchschnittszement das Mischungsverhältnis zu verbessern und damit bessere Festigkeiten zu erzielen.“

Es ist selbstverständlich, daß ich mit diesem Vergleich die unbedingt zu fordernde Prüfung des Betonkieses auf seine

Beschaffenheit und Kornzusammensetzung hin nicht als eine Maßnahme zweiten Grades ansehe, und es soll ferner dabei nicht unterlassen werden, auf die Gefahr der Schwindrisse bei „zu fetten" Betonmischungen aufmerksam zu machen.

Ich will aber darauf hinweisen, daß man bei großen Bauausführungen mit Massenbeton sich vor allen Dingen zuerst über die Wirtschaftlichkeit des zu verwendenden Mischungsverhältnisses Rechenschaft gibt.

Man muß sich darüber klar sein, welche Festigkeit man auf Grund der statischen Berechnung von dem Bauwerksbeton verlangen muß, und welche Mittel zur Verfügung stehen, dieses Ziel auf die wirtschaftlichste Weise zu erreichen.

Das gleiche Ergebnis zeitigten auch die für verschiedene Zuschlagstoffe und Zemente bei gleichem Zement und Wassergehalt ermittelten Festigkeitskurven. (Vgl. Abb. 28 u. 29.)

Die Kurven ergaben ferner den Beweis dafur, daß die Festigkeit im Beton abnimmt, sobald die Kornverteilung des Zuschlagmaterials „zu einseitig" ist. Bis zu rund 30% beträgt der Festigkeitsabfall, wenn statt des normalen Baukieses (vgl. Kurve Abb. 20) nur Feinkies unter 7 mm (vgl. Kurve Abb. 21) verwendet wird.

Man erkennt ferner, wie die Festigkeit des Betons, entgegen der bisherigen Auffassung, bei Verwendung von Fullerkies kaum zunimmt, was darin zu suchen ist, daß der Fullerkies in seiner Kornzusammensetzung zu grob und das feine Material zur völligen Ausfüllung der Hohlräume und zur Bindung des Wassers nicht ausreicht.

„Die Druckfestigkeit von Beton mit Fullerkies ist nämlich wegen des groben Zuschlagmaterials sehr stark vom Wasserzusatz abhängig. Mit steigendem Wasserzusatz fällt seine Druckfestigkeit unter die des Betons mit ungesiebtem Baukies. Das gleiche ist der Fall mit Traßzusatz." Auch hier kann das grobe Zuschlagmaterial nach der Fullerkurve, das also die genügend hohen Anteile an feinen Korngrößen entbehrt, eine Anhäufung von mehlartigen Zusatzstoffen nicht vertragen. Daher sinkt seine Festigkeit auch sofort in den untersuchten Fällen unter die des Betons mit ungesiebtem Baukies herab.

Wie ich bereits früher unter Kapitel IIIe ausgeführt habe, wird der Zementzusatz bei sperrigen Zuschlagstoffen bislang höher als bei dichten gewählt. Setzt man nunmehr, wie ich es in den vorstehenden Versuchen gemacht habe, bei sperrigem Kies- und Splittmaterial nur die gleiche Menge Zement wie bei dem gewöhnlichen Baukies zu, dann nimmt die Druckfestigkeit des Splittbetons nicht in dem Maße zu, wie man es erwartet, sondern wird auch von gewöhnlichem Kiesbeton mit 20% höherem Zementzusatz annähernd erreicht. Jedoch spielt auch hier die Güte des Zementes eine Rolle.

Zu beachten ist ferner, wie die Druckfestigkeit ansteigt und über die des 20% fetteren Betons hinausgeht, wenn man

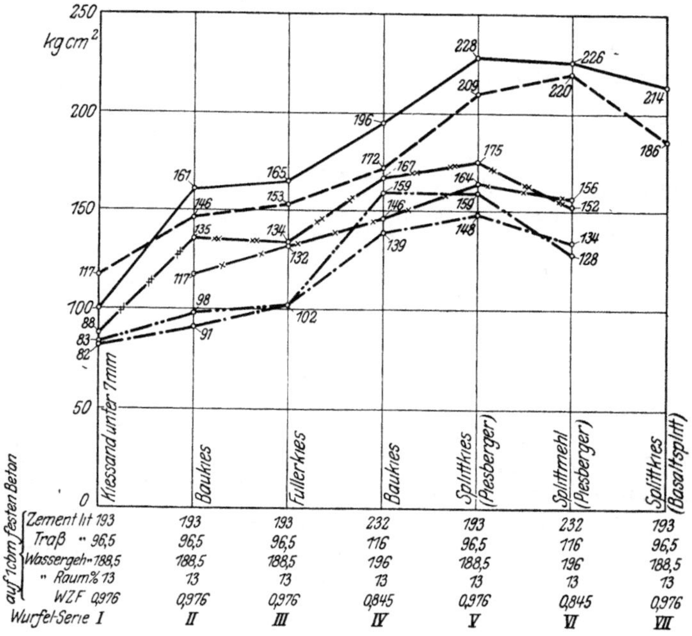

Portland-Zement „A“
——————— Zement-Traßbeton
— — — — — Zement-Beton

Eisenportland-Zement „C“
— XX — XX — Zement-Traßbeton
— X — X — Zement-Beton

Portland-Zement „B“
— • • — • • — Zement-Traßbeton
— • — • — Zement-Beton

Abb. 29. Betondruckfestigkeitsergebnisse nach 28 Tagen fur verschiedene Zemente, Mischungsverhaltnisse und Zuschlagstoffe bei gleichem Wassergehalt von 13 Raumprozent.

guten Zement mit hoher Normenfestigkeit, ohne daß es hochwertiger Zement zu sein braucht, verwendet.

Verwendet man an Stelle des glatten Basaltsplitts den rauheren Piesberger-Splitt, so ist eine Druckfestigkeitszunahme bis zu 20% zu verzeichnen, was auf die bessere Haftfestigkeit des rauheren Materials zurückzuführen ist.

Hand in Hand mit der Feststellung der Kornzusammensetzung der Zuschlagstoffe muß auch die Ermittlung ihrer Hohlräume gehen. Sie ist unbedingt notwendig, um einen dichten Beton zu erzielen, und um hierfür den notwendigen Bedarf an Bindemitteln und gegebenenfalls an feinen Zusatzfüllstoffen zu erhalten.

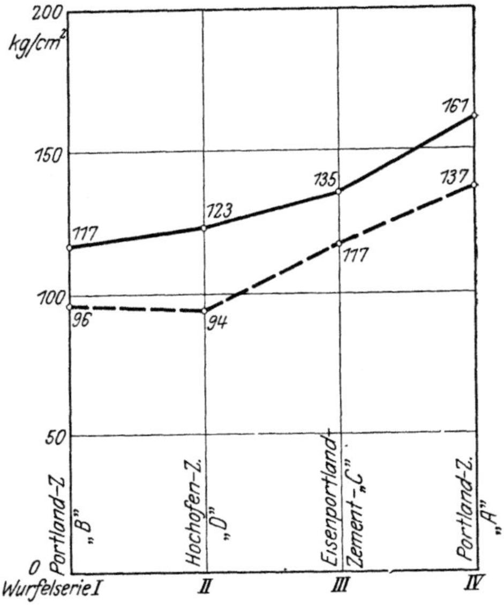

Auf 1 cbm festen Beton:	Zement-Traß-Beton	Zement-Beton
Zement l	193	193
Traß l	96,5	—
Wassergehalt l	188,5	175,9
„ Raum %	13	13
Wasserzementfaktor = W.Z.F.	0,976	0,911

Abb. 30. Druckfestigkeitsergebnisse von Kiesbeton nach 28 Tagen mit verschiedenen Zementen, mit u. ohne Traßzusatz, aber mit gleichen Mischungsverhaltnissen und gleichem Wassergehalt von 13 Raumprozent.

Um nun festzustellen, wieviel Zement benötigt wird, um die Oberfläche der Zuschlagstoffe zu umhüllen und damit zu verkitten, und die vorhandenen Hohlräume auszufüllen, genügt es nicht, von dem naturfeuchten Zuschlagstoff, wie er zur Anlieferung kommt, die Hohlräume zu ermitteln, man muß vielmehr den vollständig getrockneten und eingerüttelten Zuschlagstoff zugrundelegen. Dieser benötigt nämlich infolge seiner trockenen Oberfläche mehr Wasser, das zur Feststellung seiner Hohlräume verwendet wird, als der naturfeuchte Zuschlagstoff. Es ist also in dieser Hohlraumfeststellung die Oberflächenbenetzung mit enthalten.

Tatsächlich ergab auch die Hohlraumermittlung bei dem zu den Prüfungen benutzten Kies, daß

in naturfeuchtem Zustande 18 % Wasser,

in völlig trockenem Zustande 23,6 % Wasser

des Gesamtkiesrauminhaltes benötigt wurden, um die Hohlräume auszufüllen.

Wie aus der Druckfestigkeitskurve (Abb. 30) ersichtlich ist, schwanken die Festigkeiten des Betons in erheblichem Maße infolge Verwendung verschiedener Zemente.

Chemische Beschaffenheit, Güte des Brandes, Mahlfeinheit des Rohmehles und des fertigen Zementes bilden die Ursachen der verschiedenen Festigkeiten.

Genau so schwanken aber auch die Festigkeiten von Betonwürfeln bei Verwendung ein und derselben Zementmarke, die unter peinlichster Sorgfalt bei der Herstellung und bei absolut gleichen Mischungsteilen angefertigt wurden. Chemische Beschaffenheit und Mahlfeinheit des Zementes und die Güte der Klinker, also des Brandes, wechseln dauernd. Und gerade die beiden letzten spielen für den Verlauf der Druckfestigkeit eine erhebliche Rolle.

Diese Unstimmigkeiten traten besonders kraß in Erscheinung, weil die während der Bauausführung vorgenommenen Prüfungen sich auf über ein Jahr auf verschiedene Zementmarken erstreckten, und weil die Zementmengen fur die Betonwürfel nicht aus ein und denselben Sack bzw. ein und derselben Lieferung, sondern aus verschiedenen Waggons während der ganzen Bauzeit genommen wurden.

Den Beweis für die wechselnde Mahlfeinheit geben die folgenden Gegenuberstellungen, die die äußersten Grenzen darstellen, die bei der Normenprufung von rund 9000 t Zement vier verschiedener Zementmarken gefunden wurden.

	Ruckstand auf dem 900 Maschensieb	Ruckstand auf dem 4900 Maschensieb
Zement A . . .	0,12 bis 0,74%	10,39 bis 25,78%
,, B . . .	0,02 ,, 5,44 ,,	1,4 ,, 18,0 ,,
,, C . . .	0,04 ,, 0,58 ,,	1,0 ,, 19,04 ,,
,, D . . .	0,16 ,, 1,10 ,,	6,4 ,, 9,66 ,,
Traß	im Mittel 11,0 ,,	im Mittel 30,0 ,,

In demselben Maße schwanken auch die Normendruckfestigkeiten des Zementes von 300 bis 600 kg/cm².

Es liegt wohl klar auf der Hand, daß bei Zementen mit derartig schwankender Mahlfeinheit die Druckfestigkeiten Seitensprünge machen, für die anfangs jede Erklärung fehlt. Erst die Herstellung von Betonwürfeln mit Zementen verschiedener Mahlfeinheit, deren Festigkeiten ich folgen lasse, ergab den Aufschluß und damit den Beweis, „*daß neben der chemischen Analyse auch die Mahlfeinheit und der Brennprozeß, auf den ich weiter zu sprechen komme, hauptausschlaggebend fur die Festigkeiten der Zemente sind.*“

Beton mit 193 l Zement, 96,5 l Traß und 13 Raum% Wassergehalt (1 : ½ : 6) ergab bei verschiedener Mahlfeinheit des Zementes folgende Druckfestigkeiten:

Zementart	Rückstand auf dem 4900 Maschensieb %	Druckfestigkeit nach 28 Tagen kg/cm²
Portlandzement B	14,9	89 / 106
	9,8	123 / 123
Hochofenzement D . . .	12,55	110 / 110
	6,29	121 / 115

Dasselbe Ergebnis zeitigten die mit Normensand 1 : 3 später hergestellten Würfel unter Verwendung von Zementen verschiedener Mahlfeinheit (Abb. 31).

Man ersieht aus dem Verlauf der Kurven ferner, wie sehr die Festigkeit des Portlandzementes A, des Eisenportlandzementes C und des Hochofenzementes D durch feinere Mahlung noch gesteigert werden kann, während der Portlandzement B die Grenze der Steigung erreicht hat. Würde bei letzterem statt des Schachtofenbrennprozesses der Drehofenbrennprozeß angewendet werden, würde auch hier noch eine erhebliche Steigerung der Festigkeiten zu erwarten sein.

Es ist also auch hier die Forderung zu erheben, daß die Prüfungsbestimmungen hinsichtlich der Abnahme der Zemente einer Umarbeitung unterzogen werden.

Nicht das 900 Maschensieb mit höchstens 5% Siebrückstand, sondern das 4900 Maschensieb mit höchstens 10% Siebrückstand, wie sie für die Hochofenzemente mit 12% Rückstand auf dem 4900 Maschensieb bereits vorgeschrieben sind, muß als Norm gelten und die Zementfabriken müssen unbedingt eine gleichmäßige Mahlfeinheit garantieren.

Aus der verschiedenen Wertigkeit der Zementmarken untereinander ist fernerhin der unbedingt notwendige Schluß zu ziehen, „fort mit den Schachtöfen, auch wenn sie durch den Einbau von Drehrosten angeblich modernisiert sind". Ihren Grundfehler, ungleichmäßigen Brand der Klinker, können sie damit nicht ausmerzen. Man vergleiche nur einmal den Klinker aus einem modernen Drehofen und einem Schachtofen!

Und nun zu den Drehöfen, die die Eckpfeiler der heutigen Zementfabrikation bilden. Mahlfeinheit des Rohmehles, Länge

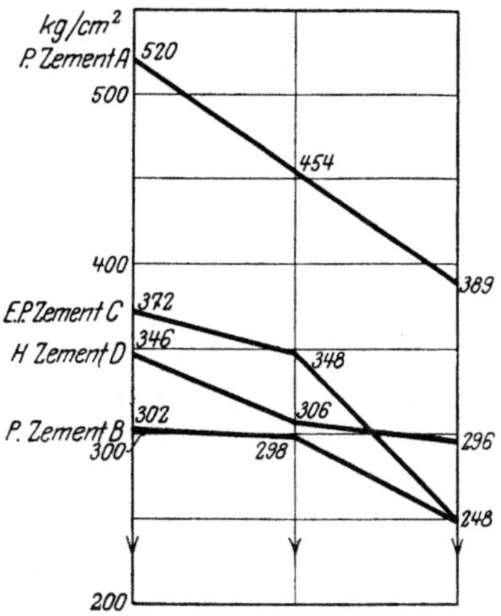

P.-Zement A.	Rückstand auf dem Maschensieb	900	—		0,12		0,74
		4900	—		10,38		25,78
P.-Zement B.		900	—		0,02		5,44
		4900	—		1,4		18,0
E.P.-Zement C.		900	—		0,04		0,58
		4900	—		1,0		19,04
H.-Zement D.		900	—		0,16		1,10
		4900	—		6,4		9,66

Abb. 31. Druckfestigkeit verschiedener Zemente von verschiedener Mahlfeinheit mit Normensand.

des Drehofens, Zuführung und Art der Brennstoffes und Wanderung des Klinkers im Drehofen sind für die Güte des Brandes bestimmend. Je gleichmäßiger die Korngröße der Klinker, desto größere Garantie für den gleichmäßigen Brand.

Bevor das Rohmehl den Drehöfen zugeführt wird, muß es durch einwandfreie Maßnahmen auf gleichmäßig feine Durchmahlung geprüft werden!

Und im Mahlprozeß sind wir auch noch nicht zur höchsten Vollendung gekommen. Gleichmäßigkeit und Feinheit der Mahlung sind die Forderungen, der sich die Form der Mahlkörper, die Art der Durchwanderung des Zementmehles und vor allen Dingen die Beschaffenheit und Anordnung der Siebe und die Windsichtung unterzuordnen haben. Es geht nicht an, daß der Zement als fertiges Bindemittel die Mühlen verläßt, ohne vorher auf Gleichmäßigkeit der Mahlung geprüft zu sein!

Hierbei möchte ich aber nicht unterlassen, mich entschieden gegen die bedauerlicherweise noch immer verbreitete Abneigung gegen die Hochofen- und Eisenportlandzemente auszusprechen. Das Hauptgewicht sollte nicht auf die drei Sorten Portland-, Eisenportland- und Hochofenzement, sondern darauf gelegt werden, ob der Zement in einer modernen Fabrik mit hochwertigen Brennöfen und Mühlen unter umsichtiger Leitung hergestellt wird oder nicht. Hat ein Hochofenzement dieselben Güteeigenschaften wie der Portlandzement, dann besteht kein Grund zur Abneigung. Ich verweise auf den Verlauf der Druckfestigkeiten in den Abb. 27, 29, 30, 31, wo die Druckfestigkeit des Portlandzementes A wohl wesentlich höher liegt, weil seine Normenfestigkeit auch um 20% größer ist, hingegen der Portlandzement B, der wie die Zemente C und D die gleiche Normenfestigkeit von 400 bis 500 kg/cm² aufweist, kaum höhere, in den meisten Fällen sogar niedrigere Festigkeiten aufweist.

Und das Verhalten der drei Zementsorten bei Frost ist auch bislang noch nicht einwandfrei geklärt. Versuche mit Normensandwürfeln bilden meiner Ansicht nach keine geeignete Basis, aus ihren Ergebnissen allgemeingültige Schlüsse zu ziehen. Auch hier sollten Versuche bei den Bauausführungen in größerem Maße vorgenommen werden.

Außer geringen Schäden an der Oberfläche sind tiefergehende Mängel beim Bau der Kajemauer nicht festgestellt worden. Und der letzte Winter 1925/26 gehörte doch wirklich zu den ausnahmsweise strengen.

Ich muß offen bekennen, daß nach dem Ergebnis der von mir vorgenommenen und dieser Arbeit zugrundegelegten Prüfungen meine frühere Abneigung gegen die Hüttenzemente geschwunden ist. Für mich wird neben dem Prüfungsergebnis der Zemente immer die Güte der Zementfabrik maßgebend sein und nicht die Namen: Portland-, Eisenportland- und Hochofenzement.

Von den verwendeten vier verschiedenen Zementen betrug das Liter-Gewicht:

	eingelaufen	eingerüttelt
Zement A	1,12 kg	1,85 kg
,, B	0,95 ,,	1,60 ,,
,, C	1,12 ,,	1,78 ,,
,, D	1,03 ,,	1,69 ,,

50 kg Zement geben also folgende Mengen an Bindemittel:

	eingelaufen	eingeruttelt
50 kg Zement A . . .	44,6 Liter	27 Liter
50 ,, ,, B . . .	52,6 ,,	31,2 ,,
50 ,, ,, C . . .	44,7 ,,	28 ,,
50 ,, ,, D . . .	48,5 ,,	30 ,,

Das ergibt auf „1 cbm festen Beton" mehr Bindemittel (eingerüttelt) gegenuber Zement A:

	Zement B	Zement C	Zement D
bei 200 kg Zement	17 Liter	4 Liter	12 Liter
,, 250 ,, ,, ...	21 ,,	5 ,,	15 ,,
,, 300 ,, ,, ...	25 ,,	6 ,,	18 ,,

Bei einem Mischungsverhältnis mit 300 kg Zement entfallt also fast 1 Sack mehr an Bindemitteln auf „1 cbm festen Beton" bei Verwendung von Zement „B".

Das „eingelaufene" Liter-Gewicht des Zementes ist aber wegen seiner Ungleichmäßigkeit in seiner Anwendung auf Baustellen nicht zu verwenden.

Das gleiche Ergebnis zeitigte ein Versuch, den Sackinhalt als Vergleichsmaß zu wahlen.

	Sackinhalt
Zement A	30 Liter
,, B	34 ,,
,, C	32 ,,
,, D	33 ,,

Der Inhalt liegt also zwischen dem eingerüttelten und eingelaufenen Zement und ist ebenfalls sehr starken Schwankungen unterworfen.

Es ist daher meiner Ansicht nach auch nicht richtig, daß nach den neuesten Betonbestimmungen als Grundmaß der lose eingelaufene Zement gelten soll und danach das Zementgewicht bestimmt wird. — Praktisch ist die Bestimmung nicht durchzuführen, da bislang noch der 50-kg-Sack das Grundmaß bildet und nur in Ausnahmefällen auf Großbaustellen das automatische Raum- oder Gewichtsmeßgefäß benutzt wird. Wenn man aber den Zement aus dem Sack in ein Meßgefäß schüttet, so hat man keinen eingelaufenen Zement, sondern ein Mittelding, da einmal der Zement aus dem Silo mit ziemlicher Gewalt in den Sack stürzt und andererseits der Zement durch die Lagerung und den Transport zusammengepreßt wird. Notwendig ist es meiner Ansicht nach daher,

„daß die Zementfabriken das eingerüttelte Litergewicht auf ihre Säcke aufdrucken",

dann ist damit die allgemeine gleiche Basis für die gleichmäßige Zementbeigabe auf 1 cbm Beton geschaffen. So wie bisher, gibt es Schwankungen, die der Wirtschaftlichkeit und der vergleichenden Betonfestigkeitsuntersuchung Gewalt antun.

Auch die Gewichte der einzelnen Säcke schwankten trotz der Vorschrift von 45,6 bis 51,4 kg. Wenn auch für die Abrechnung bei großen Lieferungen das bahnamtliche Waggongewicht maßgebend ist, so liegt doch auch hier wieder auf der Hand, wie sehr die Festigkeit infolge ungleichmäßiger Sackgewichte des Zementes schwanken kann.

Ich betone auch hier wieder die dringende Notwendigkeit, daß die Zementfabriken außer der absolut einseitigen Beurteilung ihres Zementes durch die Normenprüfung auch die Güte ihres Zementes daraufhin prüfen müssen, wie er sich zu den verschiedenen Zuschlagstoffen, zu verschieden hohem Wasserzusatz, zu den verschiedenen Traßzusätzen und zu den verschiedenen Witterungseinflüssen, bei Verwendung von in der Praxis gebrauchten Zuschlagstoffen, verhält.

Meiner Ansicht nach sollte man überhaupt bei der Normenprüfung von dem Normensand Abstand nehmen, da er eine zweckmäßige Kornzusammensetzung, auf die wir doch bei der Herstellung der Bauwerke so großen Wert legen, gar nicht besitzt, und an seiner Stelle lieber allgemein einen vernünftig zusammengesetzten Mörtelsand als Norm einführen[1]).

---

[1]) Kies, der wie Normensand im losen Zustand 46 %, in eingerütteltem Zustand 38 % besitzen würde, wäre nach der heutigen Auffassung eines jeden für Betonzwecke abzulehnen, aber für die Normenprufung von Zement lassen wir ihn zu.

Warum bei der Überlieferung bleiben, wenn man ihre Nachteile erkennt. Es gibt heute schon viele Laboratorien, die für ihre Versuche sich ihren Sand selbst zusammensetzen. Also auch hier möge die Forderung nach Abänderung der bestehenden Norm erhoben werden!

Die Zementfabriken müssen fernerhin unbedingt danach trachten, daß sie ihre Zementmarken nicht mit derartig wechselnder Normenfestigkeit herstellen.

Andererseits haben die Zement verarbeitenden Stellen die Verpflichtung, sich darüber Rechenschaft zu geben, wie sehr die Güte des Zementes durch unsachgemäße und zu lange Lagerung beeinflußt wird.

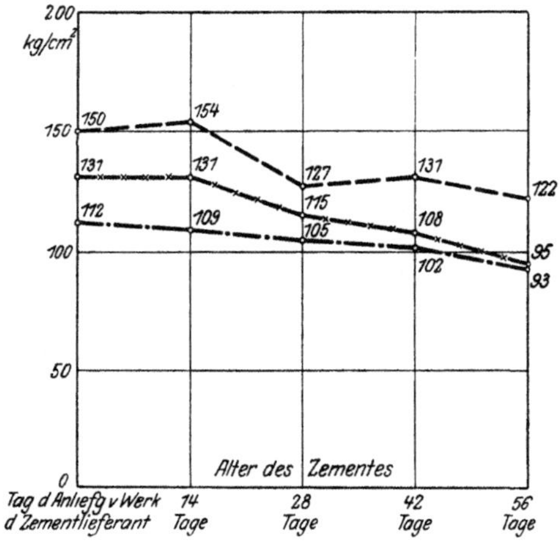

Auf 1 cbm Kies-Beton entfallen:
193 l Zement, 13 Raum % Wasser,
Portland Zement „A" — — — —,
Eisenportlandzement „C" x—x—x—x—,
Hochofenzement „D" •—•—•—•—.

Abb. 32. Einfluß der Lagerungsdauer von Zement auf die Druckfestigkeit von Beton nach 28 Tagen.

Betrachtet man die obigen Druckfestigkeitskurven der drei Zemente, so erkennt man, wie die Güte eines jeden Zementes abnimmt, sobald er länger als 14 Tage, vom Verlassen der Zementsilos in der Fabrik an gerechnet, gelagert wird.

Betonen muß ich hierbei, daß ich die drei untersuchten Zementmarken in einem hölzernen gut abgeschlossenen, mit

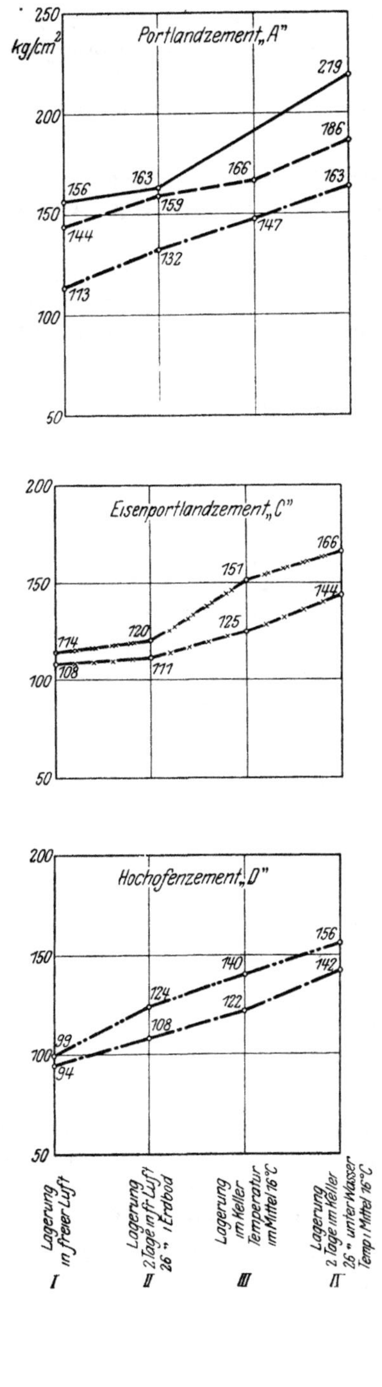

einem dichten Fußboden versehenen Schuppen gelagert hatte. Sind die Lagerräume den Witterungseinflüssen mehr ausgesetzt, dann verringert sich auch die Lagerfähigkeit der Zemente. Nach 8 Wochen ist bereits eine Druckfestigkeitsabnahme im Beton (mit 193 l Zement- und 13 Raumprozent Wassergehalt auf 1 m³ Beton) von 16 bis 27 % festzustellen.

Man sollte daher bei Inangriffnahme von Bauten lieber auf die Zwischenlagerung verzichten und den Zement direkt aus dem Waggon verarbeiten, als durch die längere und in der Praxis doch nicht ausbleibende mangelhafte Lagerung Einbuße an Festigkeit erleiden. Die wachsende Stetigkeit der wirtschaftlichen Verhältnisse lassen auch eine Anhäufung von Zement auf Baustellen nicht mehr gerechtfertigt erscheinen.

Auch die oft gänzlich außer acht gelassene Nachbehandlung des Betons zeitigt Druckfestigkeitsverluste, die doch erheblich ins Gewicht fallen.

Abb. 33.

Einfluß der verschiedenartigen Lagerung des Betons auf seine Druckfestigkeit nach 28 Tagen.

Auf 1 cbm Beton entfallen:

Zement in Liter	Zementsorte	Traß in Liter	Wassergehalt Raum %	Bezeichnung	Größe d. Würfel in cm	Witterung bei Lagerung in fr. Luft
193	Portland-Zement „A“	86,5	13	—————— – – – – – –	20×20×20	warm und Sonnenschein, teilweise Regen
193	Eisenportland-Zement „C“	86,5	13	—XX—XX— —X—X—	20×20×20	
193	Hochofen-Zement „D“	86,5	13	—··—··— —·—·—	20×20×20	
193	Portland-Zement „A“	—	13	—o—o—	30×30×30	naß, kalt regnerisch

Die in der Kurvenabbildung 33 eingetragenen Betonfestigkeiten und der Einfluß der verschiedenartigen Lagerung zeitigen folgendes Ergebnis:

1. Der Unterschied zwischen der Lagerung an der Luft und im Erdboden ist deswegen nur so gering, weil der Oktober, in dem die Versuche mit den 20/20/20 cm Betonwurfeln vorgenommen wurden, naß, kalt und regnerisch war. Die Festigkeitssteigerung schwankte zwischen 5—10%.

Bei der Prufungsreihe mit 30/30/30 cm Betonwürfeln, die im September bei warmer Luft und Sonnenschein und nur zeitweisen Regenschauern hergestellt und gelagert wurden, betrug die Festigkeitssteigerung 17%.

2. Grundsätzlich braucht der Beton für seinen Abbinde- und Erhärtungsprozeß Feuchtigkeit. Der Traßzementbeton wiederum mehr als der reine Zementbeton, weshalb der Festigkeitsunterschied bei Wasserlagerung auch größer wird.

Wahrend der Zementbeton von Luft- zu Wasserlagerung im Mittel um 37,5% seine Druckfestigkeit erhöht, wächst die des Traßzementbetons um im Mittel 47%.

3. Nach den neuesten Betonbestimmungen ist für die im Bauwerk zulässige Betonbeanspruchung die Betondruckfestigkeit W_e und W_b maßgebend. Die Betondruckfestigkeit W_e wird erreicht mit erdfeuchtem Beton und Lagerung in einem geschlossenen, frostfreien Raum unter Tuchern, die vom 2. bis 7. Tage feucht zu halten sind. Man erreicht also Festigkeiten, die zwischen Kellerlagerung und Wasserlagerung liegen werden. In der gleichen Weise werden die W_b Wurfel gelagert,

nur daß hier Beton gewählt wird in gleicher Beschaffenheit, wie er im Bauwerk verarbeitet wird.

Tatsächlich ergeben die Kurven, daß die W_b-Festigkeit etwa um 20% bzw. 40% höher liegen kann als die im Bauwerk.

Man sollte daher meiner Ansicht nach von dieser Vorschrift, die für Laboratoriumsversuche vielleicht zu vertreten wäre, Abstand nehmen und allgemein die Lagerung im Freien vorschreiben, um damit Festigkeiten zu erzielen, die man annähernd mit denen im Bauwerk vergleichen kann. Zur Kontrolle sollten in gewissen Abständen aus dem Bauwerk herausgestemmte Würfel ebenfalls auf ihre Festigkeit geprüft werden.

4. Die Kurven bekräftigen wiederum meine Ansicht, daß der Beton in den ersten 28 Tagen nicht liebevoll genug behandelt werden kann. (Vergleiche Kapitel IV g.)

Allein die vier verschiedenen Lagerungsarten des Betons zeigen deutlich, daß gegenüber dem nicht nachbehandelten Beton, der ungestört der Witterung ausgesetzt ist, der mit Erde oder Wasser bedeckte und sorgfältig nachbehandelte Beton (mit 193 l Zement und 13 Raumprozent Wassergehalt auf 1 m^3 Beton) eine Festigkeitszunahme von 29% bis 57% ergibt.

Daher sollte man fertig hergestellte Bauwerksteile durch mechanische Berieselungsanlagen dauernd nässen, denn das, wenn auch vorgeschriebene, Sprengen durch Arbeiter unterbleibt erfahrungsgemäß doch bzw. wird nur sehr unregelmäßig gehandhabt.

„Für die Herstellung eines Bauwerkes ist ferner ein Zement, der innerhalb der ersten 28 Tage möglichst hohe Festigkeiten erreicht, entschieden wertvoller, weil durch frühere Inbetriebnahme des Bauwerkes die Wirtschaftlichkeit gefördert wird."

Wenn also an eine „Rationalisierung der Arbeit" hinsichtlich der Betonmischungsverhältnisse des Betons und der Prüfungsmethoden herangegangen werden soll — und meiner Ansicht nach ist es einfach eine zwingende Notwendigkeit, ihr näherzutreten, will man nicht noch weiterhin die vielen unendlich wertvollen Versuche und Erfahrungen zur Wirkungslosigkeit verurteilen —, dann kann diese Aufgabe nur restlos gelöst werden, wenn nicht nur Behörden und Bauwirtschaft allein an diese gemeinsame Frage herantreten, sondern wenn auch die Zementindustrie in dieses gemeinsame Arbeitsgebiet einbezogen wird.

g) Der Wasserzusatz.

Die Höhe des Wasserzusatzes zum losen Betongemisch bestimmt die Konsistenz des Betons.

Stampfbeton
plastischer oder Weichbeton
Gußbeton
Flußbeton

sind die vier Hauptgruppen des Betons, deren Grenzen sich durch den Wasserzusatz und durch die Festigkeiten bestimmen lassen.

Ich habe für das Mischungsverhältnis 193 l Zement und 96,5 l Traß auf 1 m³ festen Beton (1 : ½ : 6) die Konsistenzprüfung im großen, also von der Mischmaschine aus, durchgeführt und die Grenzen der einzelnen Betongruppen wie folgt festgestellt (vgl. Abb. 34 bis 40):

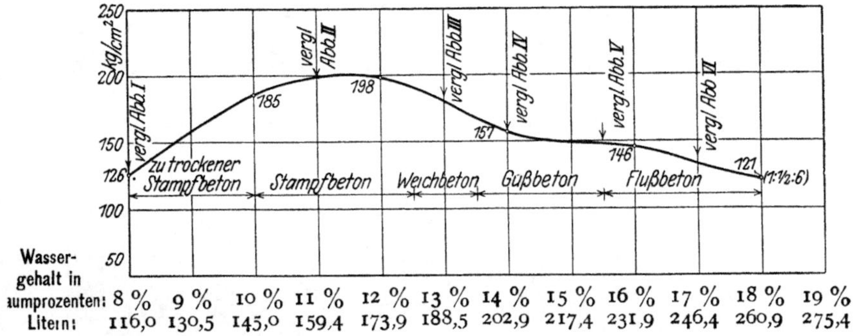

Auf 1 cbm festen Beton entfallen: 193 l Zement, 96,5 l Traß, (1 : ½ : 6)
Zementsorte: Portlandzement „A"

Abb. 34. Die Konsistenz von Kiesbeton und seine Druckfestigkeit nach 28 Tagen.

Die Höhe des Wasserzusatzes ist aber wiederum abhängig von folgenden Faktoren:

1. Beschaffenheit der Zuschlagstoffe
2. „ „ Zemente
3. Höhe des Zementzusatzes
4. „ „ Traßzusatzes
5. Witterung
6. Art der Zuführung des Betons in das Bauwerk.

Bei den Zuschlagstoffen sind es hauptsächlich die feinen und feinsten Korngrößen, die die Höhe des Wasserzusatzes

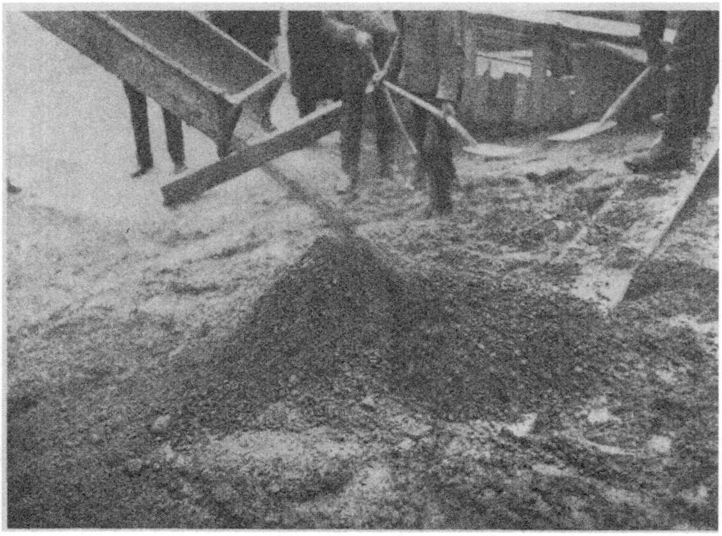

Abb. 35. Zu trockener Stampfbeton. Vergl. I in Abb. 34 (8% Wassergehalt).

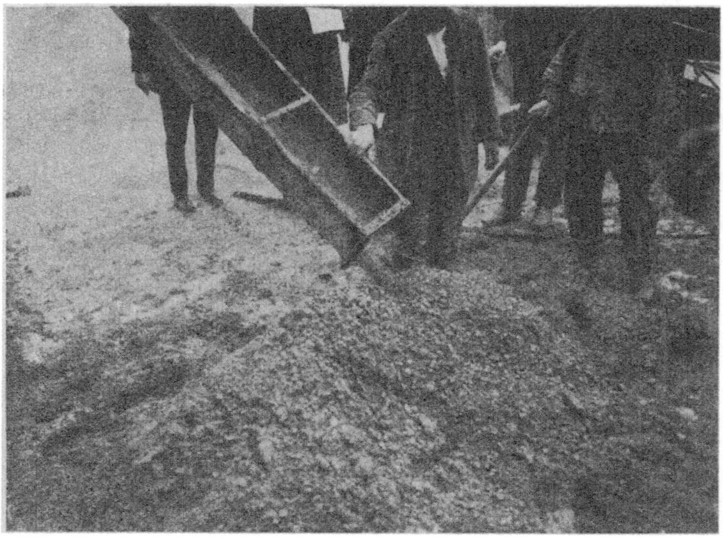

Abb. 36. Richtiger Stampfbeton. Vergl. II in Abb. 34 (11% Wassergehalt).

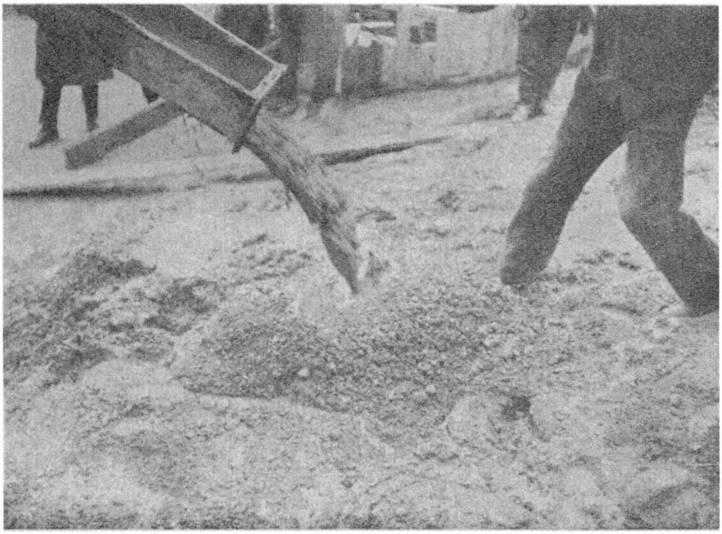

Abb. 37. Weichbeton. Vergl. III in Abb. 34 (13% Wassergehalt).

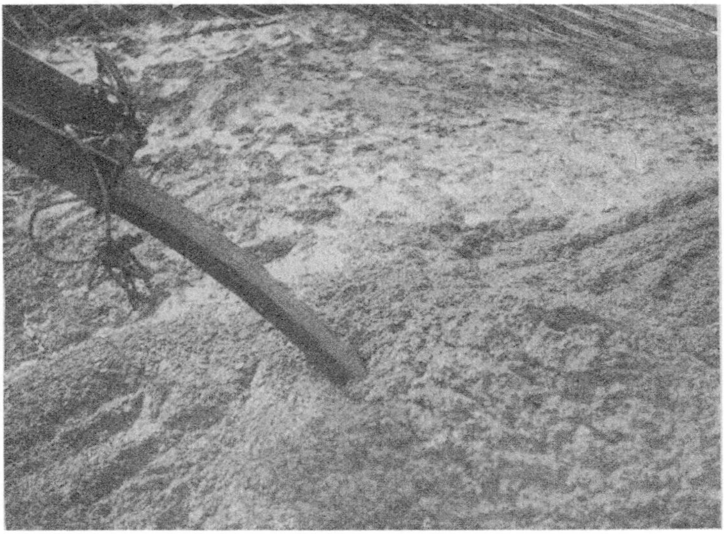

Abb. 38. Richtiger Gußbeton. Vergl. IV in Abb. 34 (14% Wassergehalt).

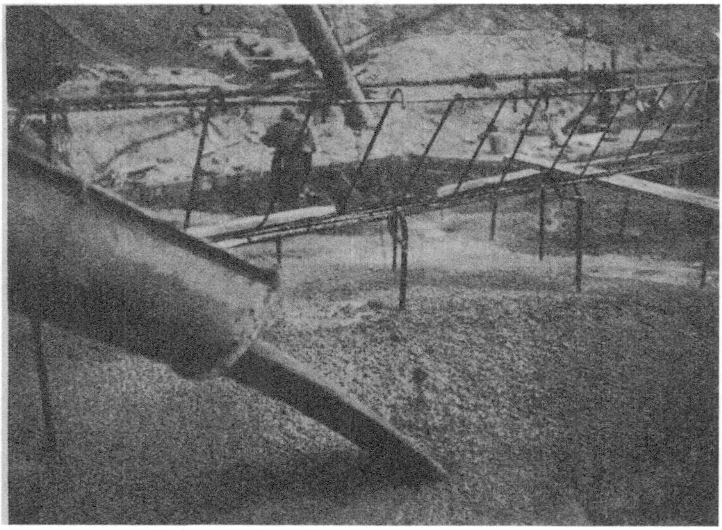

Abb. 39. Grenze zwischen Guß- u. Flußbeton. Vergl. V in Abb. 34 (15,5% Wassergehalt).

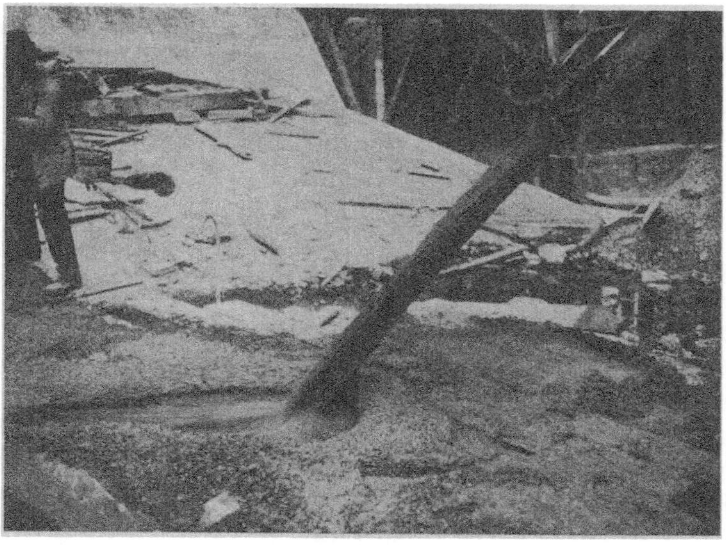

Abb. 40. Flußbeton. Vergl. VI in Abb. 34 (17% Wassergehalt).

beeinflussen. Grobe Zuschlagstoffe benötigen weniger Wasser als die feinen Zuschlagstoffe. Steinsplitt verlangt wegen seiner rauheren Oberfläche stärkere Anfeuchtung als der Kies.

Je feiner der Zement gemahlen und je höher sein Kalkgehalt ist, desto größer sein Wasseranspruch.

Über den Einfluß des Traßzusatzes auf den Wassergehalt des Betongemisches wird das nächste Kapitel Aufschluß geben.

Wie ich eingangs bei der Erörterung über die beim Bau der Kajemauer verwendeten Betonmischungsverhältnisse bereits mitgeteilt habe, mußte der Wasserzusatz zu dem losen Betongemisch an trockenen heißen Tagen bis zu 2 Raumprozent erhöht werden, um die gleiche Konsistenz im Bauwerk zu erhalten wie bei feuchter Witterung.

Aus den Versuchsreihen (s. Seite 62) ist zu erkennen, wie der Traß, die Höhe der Zementbeigabe und die Beschaffenheit des Zementes den Wasserzusatz beeinflussen.

Je magerer das Mischungsverhältnis ist, desto mehr Wasser wird wiederum benötigt, um die lose Betonmasse im Schalungsraum einwandfrei verarbeiten zu können, aber desto leichter gibt das Betongemisch auch das Wasser wieder ab.

Während bei 193 l Zement und 96,5 l Traß (1: ½:6) und 16 Raumprozent Wassergehalt (also auf die untersuchte Betonmenge = 6,96 l Wassergehalt) nach ½ Std. nur 0,05 l Wasser ausscheiden, gibt das Betongemisch mit 145 l Zement und 72,5 l (1: ½:8) Traß bei gleichhohem Wasserzusatz in Raumprozent nach ½ Std. das Fünffache und bei nur 145 l (1:8) Zementzusatz nach der gleichen Zeit sogar die zwölffache Wassermenge ab.

Wie ich eingangs bereits erwähnte, ist neben fünf anderen Faktoren der Wasserzusatz von der Zuführung des Betons in das Bauwerk abhängig. Es ist nicht unbedingt notwendig, daß der Gußbeton, seinem Namen entsprechend, gegossen wird, er kann auch geschüttet, gestürzt und durch direkten freien Fall eingebracht werden.

Zur Einbringung des Betons in das Bauwerk stehen an Hilfsmitteln zur Verfügung:

a) Der Gießturm mit der durchschnittlich langen mehrfach abgetreppten bzw. sogar mehrfach geknickten Rinnenführung.

b) Der umgeklappte Gießturm, als fahrbare Transportbrücke ausgebildet, mit kurzer gerader Rinnenführung oder Rutschen.

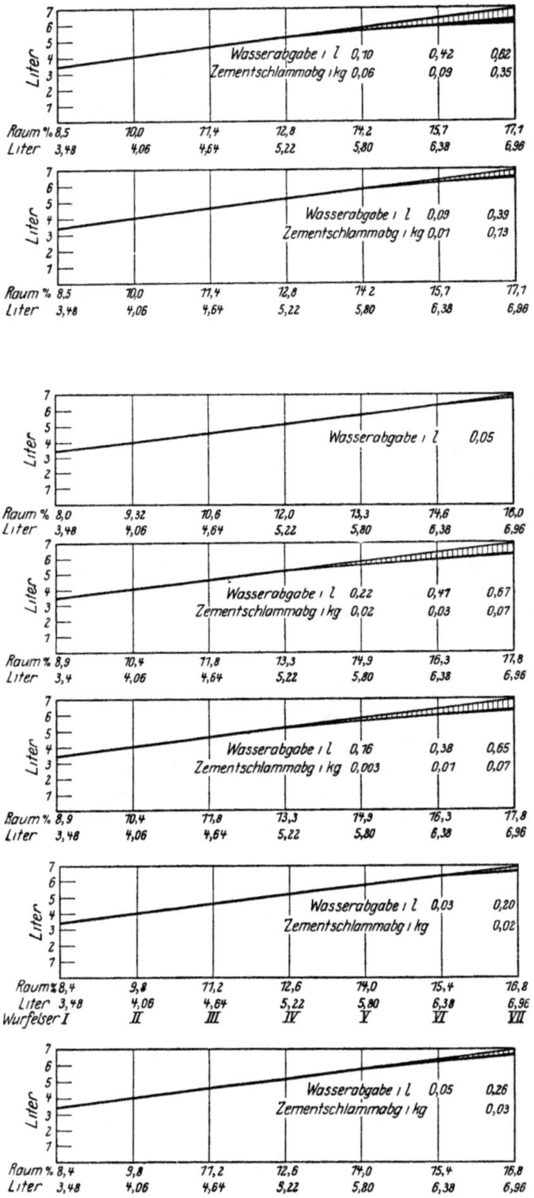

Mischungsverhältnis (1 : 6)
Trockener, gesiebter Kies 34,8 Liter
Eisenportland-Zement 5,8 „
Außentemperatur + 5 ° C.
Wasserabgabe nach 1/2 Std.
Raumprozent / Liter } Wassergehalt

Mischungsverhaltnis (1 : 6)
Trockener, gesiebter Kies 34,8 Liter
Portland-Zement 5,8 „
Außentemperatur + 5 ° C.
Wasserabgabe nach 1/2 Std.
Raumprozent / Liter } Wassergehalt

Mischungsverhaltnis (1 : 1/2 : 6)
Trockener, gesiebter Kies 34,8 Liter
Eisenportland-Zement 5,8 „
Traß 2,9 „
Außentemperatur + 6 ° C.
Wasserabgabe nach 1/2 Std.
(Derselbe Versuch mit Portland-Zement ergibt annahernd gleich geringe Wasserabgabe.)
Raumprozent / Liter } Wassergehalt

Mischungsverhältnis (1 : 8)
Trockener, gesiebter Kies 34,8 Liter
Eisenportland-Zement 4,35 „
Außentemperatur + 6 ° C.
Wasserabgabe nach 1/2 Std.
Raumprozent / Liter } Wassergehalt

Mischungsverhaltnis (1 : 8)
Trockener, gesiebter Kies 34,8 Liter
Portland-Zement 4,35 „
Außentemperatur + 6 ° C.
Wasserabgabe nach 1/2 Std.
Raumprozent / Liter } Wassergehalt

Mischungsverhaltnis (1 : 1/2 : 8)
Trockener, gesiebter Kies 34,8 Liter
Eisenportland-Zement 4,35 „
Traß 2,18 „
Außentemperatur + 8 ° C.
Wasserabgabe nach 1/2 Std.
Raumprozent / Liter } Wassergehalt

Mischungsverhaltnis (1 : 1/2 : 8)
Trockener, gesiebter Kies 34,8 Liter
Portland-Zement 4,35 „
Traß 2,18 „
Außentemperatur + 8 ° C.
Wasserabgabe nach 1/2 Std.
Raumprozent / Liter } Wassergehalt

(schraffiert) Wasserabgabe in Liter bei einer unter 8 ° geneigten Ebene.
(schwarz) Zementschlammabgabe in kg „ „ „ „ „ „

Abb. 41. Die Wasserabgabe des Betons bei verschiedenen Mischungsverhaltnissen, Zementsorten und verschieden hohem Wassergehalt.

c) Das einfache Betoniergerüst mit Lorenbetrieb und Rutschen.
d) Der Kabelkran.
e) Das Gurtförderband.

Welche Zufuhrung gewählt wird, hängt von der Art des Bauwerkes und von der Wirtschaftlichkeit ab.

Der Gießturm wurde mit der Verwendung von Gußbeton von Amerika übernommen. Er war vor und nach dem Kriege „das Gerät", mit dem Gußbeton verarbeitet wurde.

Zu beachten ist aber, daß die lange, flache und geknickte Rinnenfuhrung mehr Wasser benötigt als die kurze steile Rinnen-, Rutschen-, Gurt- oder Kabelkranzufuhrung. Mit der Höhe des Gießturmes und der Entfernung des Schalungsraumes vom Gießturm wachst mit der flacheren Rinnenneigung der Wasserzusatz und verschlechtert sich damit der Beton. — In der Art der Zufuhrung des Betons in das Bauwerk liegt eine „gefährliche" Fehlerquelle.

Je kurzer und steiler daher der Rinnen- oder Rutschenweg ist, desto weniger Wasser braucht man dem Beton zuzusetzen, um ihn in den Transportwegen vorwartszutreiben.

Als eine glänzende mechanische Kontrolle, immer nur wenig Wasser dem Beton zuzusetzen, hat sich das Gurtförderband bewahrt, wenn es nicht muldenförmig, sondern flach über die Rollen läuft. — Sobald nämlich hierbei der Beton zu flüssig wird, läuft er über die Seiten des Gurtbandes ab, bevor er die Verwendungsstelle bzw. den Abstreicher erreicht.

Sämtliche Arten von Gußbetonanlagen sind daher daraufhin zu untersuchen, welche von ihnen den geringsten Wasserzusatz zur Einbringung des Betons benötigt. Und da wird immer diejenige Anlage den Sieg davontragen, die entweder den kurzesten Rinnenweg aufweist, oder die die lose Betonmasse in das Bauwerk hineinschüttet oder sturzt.

Der innere Wert eines Angebotes fur die Ausfuhrung von Betonbauwerken steigt daher mit der Güte der Gußbetonanlage. Sie sollte daher bei der Auswahl der Angebote in erheblichem Maße berucksichtigt werden, da sie höhere Bauwerksfestigkeiten gewahrleistet.

Ich weise ferner darauf hin, daß der bisherige von Amerika übernommene Rinnenquerschnitt fur die Brechpunkte zu klein ist, um den Gußbeton mit dem geringstmoglichen Wasserzusatz in das Bauwerk zu leiten. An diesen Knickpunkten ist es eine allgemein bekannte lastige Erscheinung, daß daselbst bei Beton mit geringem Wasserzusatz sowohl mit flacher wie mit steiler Neigung Verstopfungen eintreten. Daher ist die Verbreiterung des Rinnenquerschnittes mindestens an den Brechpunkten um das Doppelte zu fordern.

Die in den neuen Bestimmungen enthaltene Vorschrift über die Verarbeitung des Gußbetons besagt:

„Wird der Beton mit Hilfe von Rinnen oder dergleichen eingebracht, so soll die Rinnenneigung im Regelfalle zwischen 1:2 und 1:2½ liegen. Flachere Rinnenneigungen bedingen zu hohen Wasserzusatz, steilere können zu einer Entmischung des Betons führen. Keinesfalls darf die Rinnenführung flacher als 1:3 sein.

Fließt der Beton unmittelbar aus einer schrägen Rinne, so darf die Fallhöhe höchstens 2 m betragen. Bei lotrechtem Ausfluß ist die Fallhöhe durch die Entmischungsgefahr begrenzt. Das letzte Rinnenstück ist während des Betonierens ständig zu bewegen, um Kegelbildung und Kiesnester zu vermeiden."

Beide Vorschriften über Neigung und Fallhöhe haben wohl ihre Berechtigung für den Flußbeton (Gußbeton mit zuviel Wasser), aber nicht für den richtigen Gußbeton (mit geringstmöglichem Wasserzusatz) und den plastischen Beton.

Bei dem Bau der Kajemauer habe ich eine Rinnen- und Rutschenneigung von 20° bis 70° zugelassen. Der Beton stürzte bei den steilsten Rinnen- und Rutschenneigungen 11 m tief in den Schalungsraum hinab. Bewegt wurden die Rinnenenden „grundsätzlich" nicht. In allen diesen Fällen habe ich weder eine Entmischung noch eine Bildung von Kiesnestern festgestellt; im Gegenteil wurde durch die mit erheblicher Gewalt herabstürzenden Betonmengen erreicht, daß ähnlich dem Prinzip des Torkretsystems eine selbsttätige Zusammenpressung des Betons erfolgte. Vorbedingung hierfür war wiederum der sehr geringe Wasserzusatz. Fünf Arbeiter im Schalungsraum genügten für die vier Rinnen, um den Beton zu verarbeiten.

Ich würde also auch hier, im Interesse einer reibungslosen Bauausführung, empfehlen, diese Vorschrift über Rinnenneigung, Fallhöhe und ständige Bewegung des letzten Rinnenstückes fallen zu lassen und nur allgemein vorzuschreiben, „daß der Beton ohne Entmischung in das Bauwerk einzubringen ist". Flußbeton sollte man grundsätzlich verbieten.

Fällt diese zu einseitig abgefaßte Vorschrift nicht, dann steht zu erwarten, daß dem Unternehmer bei der Bauausführung auf Grund dieser neuen Betonbestimmungen Betonregeln vorgeschrieben werden, die nicht gerade dem Baufortgang zweckdienlich sind. Ich weise hier ferner auf die Erfahrungen der Schweizer hin, die erst mit Vergrößerung der Rinnenneigung von 1:2,2 bis 1:2,4 auf 1:1,5 bis 1:1,7 vom „Flußbeton" zum „richtigen Gußbeton" und „Weichbeton" kamen.

Seien wir uns doch darüber klar, daß wir vom Stampfbeton anfangs zu weit zum Flußbeton hinübergeschwenkt waren, und daß erst in der neuesten Zeit die Erkenntnis Eingang gefunden hat, daß wir unbedingt zum richtigen Guß- und plastischen Beton kommen müssen, wenn die Betonmaterialien auch wirtschaftlich ausgenutzt werden sollen.

Nach den Angaben von Gaye* sind für die nachfolgenden Bauausführungen an Wasserzusatz zum Beton benötigt worden:

Bauwerk	Wasserzusatz in Gewichtsteilen: * %	Wasserzusatz umgerechnet in Raumteilen der Einzelrauminhalte von Bindemitteln, Zusatzstoffen und gemischten Zuschlagstoffen: %
*Wasserkraftanlage Töging .	8,7—13,5	etwa 14—22
*Doppelschleuse Geestemünde	8,0—12,0	„ 13—19
*Schwarzenbachtalsperre . .	10,5—11,3	„ 17—18
*Staumauer Wäggital . . .	7,8— 9,0	„ 13—15
*Staumauer Barberine . . .	6,98—7,25	„ 12
Kajemauer Hafen II in Bremen	7,0— 9,0	„ 13—15

Wir sehen also auch hier, wie mit dem weiteren Ausbreiten der Gußbetontechnik der Wasserzusatz zum Beton mehr und mehr vermindert wird.

Ich habe daher mit der ganz bestimmten Absicht am Anfang dieses Kapitels die vier Hauptgruppen des Betons angeführt, um den Begriff des Gußbetons enger zu fassen und durch die Zergliederung des bisherigen Gußbetons in plastischen, Guß- und Flußbeton darauf zu drängen, daß „nur" noch der richtige Gußbeton (mit dem geringstmöglichen Wasserzusatz) bzw. der plastische Beton und nicht mehr der Flußbeton mit seinem großen Festigkeitsabfall für Bauwerke zugelassen wird.

Ich komme damit zu dem Verhältnis des Wasserzusatzes zur Druckfestigkeit des Betons:

Wir begeben uns damit auf ein Gebiet, das bislang stiefmütterlicher kaum behandelt werden konnte. Wir haben die Druckfestigkeit zu erhöhen versucht durch Splittzusatz, ge-

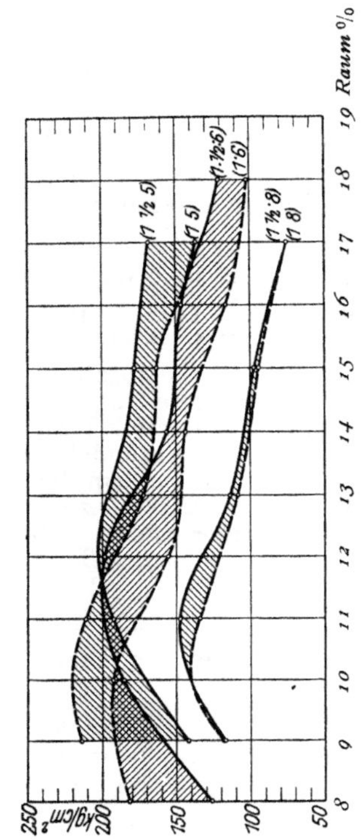

Anmerkung:
- - - - ohne Traßzusatz
——— mit Traßzusatz

Zementsorte:
Portlandzement „A“.

Wassergehalt für 1 cbm festen Beton		in Raum %	8%	9%	10%	11%	12%	13%	14%	15%	16%	17%	18%	19%
(1:6)	193 Lit. Zement	in Lit.	108,2	121,8	135,3	148,8	162,4	175,9	189,4	202,9	216,5	230,0	243,5	257,1
(1:½:6)	193 ,, Zement + 96,5 ,, Traß	in Lit.	116,0	130,5	145,0	159,4	173,9	188,5	202,9	217,4	231,9	246,4	260,9	275,4
(1:8)	145 ,, Zement	in Lit.	104,4	117,4	130,5	143,6	156,6	169,7	182,7	195,8	208,8	221,9	234,9	248,0
(1:½:8)	145 ,, Zement + 72,5 ,, Traß	in Lit.	110,2	124,0	137,8	151,5	165,3	179,1	192,9	206,6	220,4	234,2	248,0	261,7
(1:5)	232 ,, Zement	in Lit.	111,4	125,3	139,2	153,1	167	181	194,9	208,8	222,7	236,6	250,6	264,5
(1:½:5)	232 ,, Zement + 116 ,, Traß	in Lit.	120,6	135,7	150,8	165,9	181	196	211,1	226,2	241,3	256,4	271,4	286,5

Abb. 42. Verlauf der Druckfestigkeiten von Kiesbeton nach 28 Tagen bei verschiedenem Wassergehalt und Mischungsverhältnis.

siebten Kies und vermehrten Zementzusatz und dabei außer acht gelassen, daß wir mit der berechtigten Verdrängung des Stampfbetons sehr weit rückwärtsschreiten werden, wenn nicht die Herstellung des Gußbetons schärferen Bestimmungen unterworfen wird.

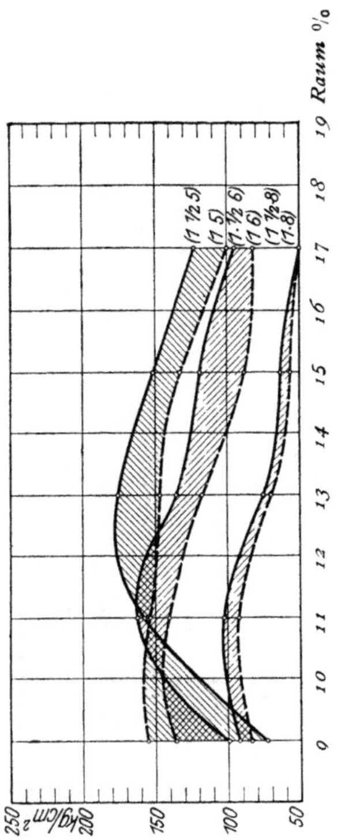

Anmerkung:

- - - - - ohne Traßzusatz

——— mit Traßzusatz

Zementsorte:

Eisen-Portlandzement „C“.

Wassergehalt für 1 cbm festen Beton		in Raum %	8 %	9 %	10 %	11 %	12 %	13 %	14 %	15 %	16 %	17 %	18 %	19 %
(1:6)	193 Lit Zement	in Lit.	108,2	121,8	135,3	148,8	162,4	175,9	189,4	202,9	216,5	230,0	243,5	257,1
(1:½:6)	193 „ Zement + 96,5 „ Traß	in Lit.	116,0	130,5	145,0	159,4	173,9	188,5	202,9	217,4	231,9	246,4	260,9	275,4
(1:8)	145 „ Zement	in Lit.	104,4	117,4	130,5	143,6	156,6	169,7	182,7	195,8	208,8	221,9	234,9	248,0
(1:½:8)	145 „ Zement + 72,5 „ Traß	in Lit.	110,2	124,0	137,8	151,5	165,3	179,1	192,9	206,6	220,4	234,2	248,0	261,7
(1:5)	232 „ Zement	in Lit.	111,4	125,3	139,2	153,1	167	181	194,9	208,8	222,7	236,6	250,6	264,5
(1:½:5)	232 „ Zement + 116 „ Traß	in Lit.	120,6	135,7	150,8	165,9	181	196	211,1	226,2	241,3	256,4	271,4	286,5

Abb. 43. Verlauf der Druckfestigkeiten von Kiesbeton nach 28 Tagen bei verschiedenem Wassergehalt und Mischungsverhältnis.

Die Vorschrift muß kommen, daß ohne regulierbare Wassermeßgefäße, also ohne dauernde sichere mechanische Kontrolle, kein Gußbeton mehr hergestellt werden darf, und wir müssen uns ihr unter-

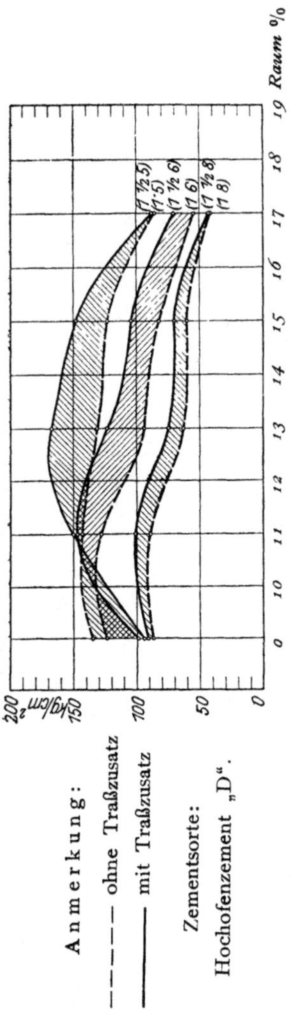

Wassergehalt für 1 cbm festen Beton		in Raum %	8 %	9 %	10 %	11 %	12 %	13 %	14 %	15 %	16 %	17 %	18 %	19 %
(1:6)	193 Lit. Zement	in Lit.	108,2	121,8	135,3	148,8	162,4	175,9	189,4	202,9	216,5	230,0	243,5	257,1
(1:½:6)	193 „ Zement + 96,5 „ Traß	in Lit.	116,0	130,5	145,0	159,4	173,9	188,5	202,9	217,4	231,9	246,4	260,9	275,4
(1:8)	145 „ Zement	in Lit.	104,4	117,4	130,5	143,6	156,6	169,7	182,7	195,8	208,8	221,9	234,9	248,9
(1:½:8)	145 „ Zement + 72,5 „ Traß	in Lit.	110,2	124,0	137,8	151,5	165,3	179,1	192,9	206,6	220,4	234,2	248,0	261,7
(1:5)	232 „ Zement	in Lit.	111,4	125,3	139,2	153,1	167	181	194,9	208,8	222,7	236,6	250,6	264,5
(1:½:5)	232 „ Zement + 116 „ Traß	in Lit.	120,6	135,7	150,8	165,9	181	196	211,1	226,2	241,3	256,4	271,4	286,5

Abb. 44. Verlauf der Druckfestigkeiten von Kiesbeton nach **28** Tagen bei verschiedenem Wassergehalt und Mischungsverhältnis.

werfen, wenn wir nicht mit offenen Augen zusehen wollen, wie die großen wirtschaftlichen Vorteile des Gußbetons durch falschen und unregelmäßigen Wasserzusatz uns zerschlagen werden.

Vorstehende Kurven (Abb. 42—44) lassen den Einfluß des verschieden hohen Wassergehaltes auf die Druckfestigkeit des Betons für verschiedene Mischungsverhältnisse und Zementsorten erkennen. Der Verlauf der Kurven läßt nunmehr folgende Schlüsse zu:

1. Den Verlauf der Druckkurven ergibt das klare einwandfreie Bild, daß in allen Fällen die Druckfestigkeiten bei zu „geringem“ und bei zu „großem“ Wassergehalt sehr schnell abnehmen. Und zwar sinkt die Festigkeit beim Zementtraßbeton bei zu geringem Wasserzusatz früher und schneller als beim reinen Zementbeton, während bei zu großem Wassergehalt der Fall umgekehrt liegt.
2. Ferner machen sich die Druckfestigkeitsunterschiede bei fetten Betonmischungsverhältnissen mit und ohne Traßzusatz viel stärker bemerkbar als bei mageren.
3. Die Festigkeit mit Traß sackt dann sofort ab, wenn das Betongemisch zu wenig Wasser besitzt, und wenn einmal bei zu hohem Traßzusatz der Zuschlagstoff dadurch zu viele feinste Korngrößen erhält, und wenn andererseits nicht mehr genügend Bindemittel vorhanden sind, diese feinsten Korngrößen mit ihrem Kitt zu umhüllen.
4. Je hochwertiger der Zement ist, desto stärker macht sich der Wassereinfluß in der Druckfestigkeit bemerkbar.
5. Nicht alle Zemente können die gleiche Menge Wasser vertragen.
6. Bis zu einer gewissen Grenze läßt sich die Druckfestigkeit des Betons nur durch die Regulierung des Wasserzusatzes auf die gleiche Höhe bringen, wie durch die Erhöhung des Zementzusatzes, ohne daß die Kosten dadurch für den Beton höher werden.

Bis zu 100% betragen die Festigkeitsunterschiede im Beton, die uns allein durch den verschieden hohen Wassergehalt beschert werden können.

Gibt es überhaupt noch eine eindringlichere Beweisführung als diese Kurvenbilder, die unserer bisherigen Betonbewirtschaftung Einhalt gebieten?

Was nützt uns andererseits die theoretisch höchst erreichbare Druckfestigkeit des Stampfbetons, wenn in der Praxis, infolge der unzähligen Stampffugen im Bauwerk nicht mehr die Druckfestigkeit des Betons allein, sondern hauptsächlich die Haftfestigkeit der einzelnen Stampfschichten maßgebenden Einfluß gewinnt. Und die letztere ist annähernd gleich Null. Die folgende Abb. 45 läßt es gleichfalls erkennen.

Ist der Wasserzusatz zu gering, dann hilft alles Stampfen und Pressen nichts, die Festigkeit bleibt geringer, da der Beton das zu seiner Verkittung und Erhärtung erforderliche ganz bestimmte Quantum Wasser nicht besitzt.

Das ist eben der große Unterschied zwischen früher und heute, zwischen Gußbeton und Stampfbeton, daß mit dem

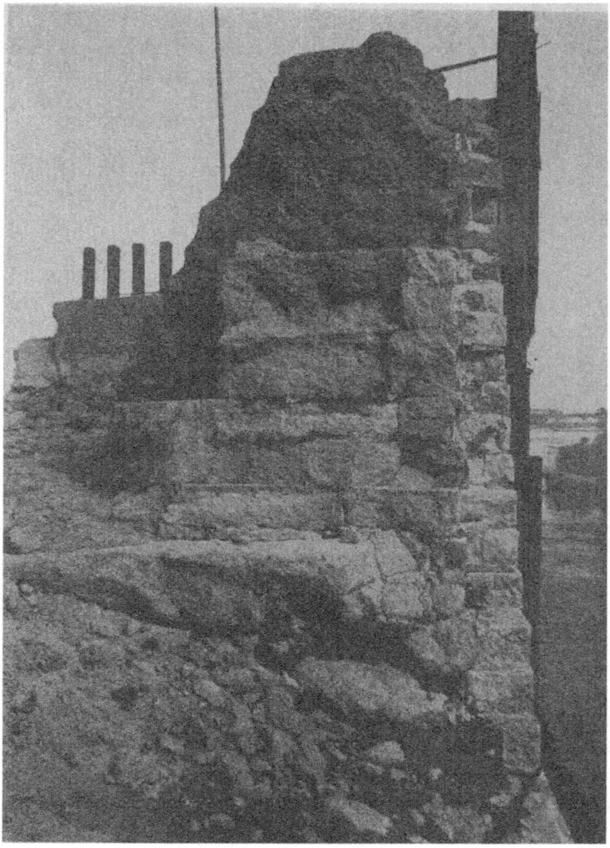

Abb. 45. Die Struktur des Stampfbetons.

wachsenden Wasserzusatz Faktoren in die früher übliche Angabe des Mischungsverhältnisses hineingekommen sind, die eine viel schärfere Bestimmung erfordern. Allein der Verlauf der Druckkurven über den Wasserzusatz gibt schon das Bild, daß beim Stampfbeton, dessen Konsistenz leicht bestimmbar und ohne Schwierigkeiten eingehalten werden konnte, der Wasserzusatz und das Porenwasser für den Druckfestigkeitsverlauf keine große ausschlaggebende Rolle spielte. Die Bestimmung „gut erdfeucht" ließ keinen großen Spielraum in den Festigkeitsunterschieden zu.

Anders heute, beim nicht eindeutig festgelegten Gußbeton, wo der Wasserzusatz von Bauherren und Unternehmern abhängig ist, und seine großen Schwankungen erhebliche Druckfestigkeitsverluste mit sich bringen. Und wenn früher beim „Stampfbeton" die Auswahl der Zuschlagstoffe die Hauptrolle spielte, so tritt beim „Weich"- und „Gußbeton" nunmehr die Bestimmung des Wasserzusatzes als hauptausschlaggebend mit hinzu.

Beim Wasserzusatz muß also der Hebel angesetzt werden, um nachzuholen, was bislang infolge der jahrzehntelangen Verwendung von nur Stampfbeton und der raschen allgemeinen Einführung des Gußbetons nach dem Kriege gesündigt worden ist.

Da es nun einmal feststeht, daß erhöhter Wasserzusatz die Festigkeit des Betons zurückdrängt, sind Mittel und Wege zu finden, den Wasserzusatz auf das geringste und gleichbleibendste Maß zurückzuschrauben, und zwar mit besseren Hilfsmitteln als den bisher im allgemeinen üblichen Meßgefäßen. Denn bislang ist man einzig und allein von dem Willen des Arbeiters abhängig. Ein Unding für eine Zeit, wo alles mechanisiert wird und Fehlerquellen durch den Menschen auf mechanischem Wege ausgeschaltet werden.

Die Forderungen, die an eine derartige Regulierung des Wassers zu stellen sind, müssen folgende sein:

1. Das Wassermeßgefäß muß sich ohne Schwierigkeiten über den Mischmaschinen einbauen lassen.
2. Es muß so eingerichtet sein, daß die Wassermenge jederzeit ohne Umstände geändert werden kann.
3. Die einmal abgemessene Wassermenge darf durch den Bedienungsmann nicht durch Zulauf von Wasser erhöht werden können, da dann das Meßgefaß zwecklos ist.
4. Zulauf und Ablauf des Wassers müssen voneinander abhängig sein, d. h. sich gegenseitig ausschalten.
5. Die Abgabe der abgemessenen Wassermenge darf nicht plötzlich erfolgen, sondern sie muß in der Hand des Bedienungsmannes der Betonmaschine liegen.
6. Wasserabgabe und Wasserzulauf des Wassermeßgefäßes muß sich der Leistung der Betonanlage anpassen.

Wie ich mich nunmehr in Bremen unabhängig vom Arbeiter gemacht habe, zeigt die Abbildung 46.

Dieses Meßgefäß habe ich nach den vorher aufgeführten Grundsätzen konstruieren und einbauen lassen.

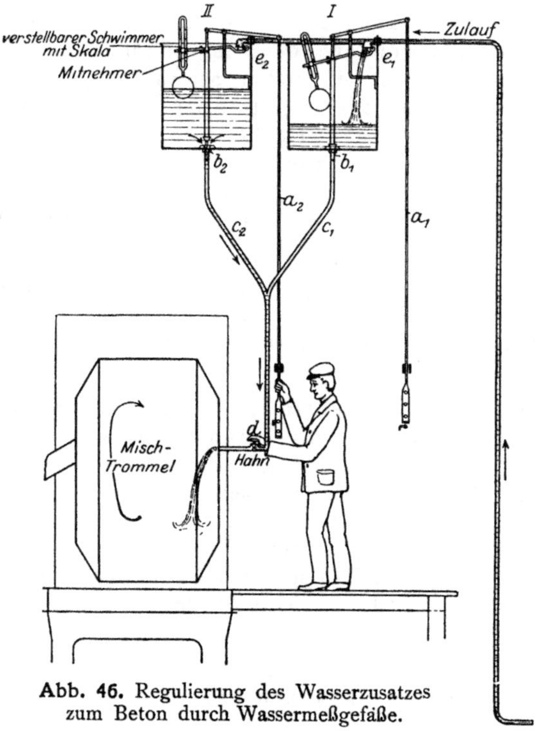

Abb. 46. Regulierung des Wasserzusatzes zum Beton durch Wassermeßgefäße.

Der Bedienungsvorgang ist folgender:

1. Durch Tiefenlage des Schwimmers in Meßkasten I ist das Zulaufventil geöffnet, nachdem der Arbeiter durch Hebelstange a_1 das Bodenausflußventil b_1 des Meßkastens geschlossen hat.
2. Nachdem die lose Betonmasse in der Trommel trocken vorgemischt ist, öffnet der Arbeiter durch Hebelstange a_2 das Bodenausflußventil b_2 des Meßkastens II. Das Wasser strömt in die Leitung c_2 und steht bis zum Hahn d. Durch Öffnung des Bodenventils b_2 infolge Hebens der Ventilstange a_2 wird gleichzeitig der Schwimmer in seiner Höhenstellung gehalten und damit der Zulauf von neuem Wasser durch Zulaufventil e_2 in den Meßkasten II verhindert.

3. Nachdem die lose Betonmasse genügend vorgemischt ist, öffnet nunmehr der Arbeiter den Hahn d und läßt nach Bedarf Wasser in die Betontrommel laufen, bis das Meßgefäß geleert ist.
4. Darauf zieht er die Hebelstange a_2 von der Sperrvorrichtung zurück. Gleichzeitig mit dem Hinaufgehen der Hebelstange a_2 schließt sich das Bodenventil b_2 und geht der Schwimmer in seine Tiefstlage zurück. Damit öffnet sich das Ventil e_2 und das Wasser kann erneut in den Meßkasten II einströmen.
5. Inzwischen ist der Meßkasten I wieder vollgelaufen und kann für die nächste Mischung herangezogen werden.

Durch den verstellbaren Schwimmer, der mit einer Skala versehen ist, kann man mit einem Handgriff die Wassermenge ändern lassen und sich fernerhin davon überzeugen, ob der richtige Wasserzusatz gewählt ist. Durch die Kupplung des Zu- und Abflusses des Wassers kann der Bedienungsmann niemals mehr Wasser dem Beton zuführen. Der Zulauf des Wassers ist ferner so eingestellt, daß er erst mit Fertigstellung der Mischung beendet ist, so daß ein weiterer Wasserzusatz vorher nicht möglich ist.

Um ein reibungsloses Arbeiten der Wasserabmeßgefäße zu gewährleisten, war wegen des sehr starken Rüttelns der Mischmaschine im Betrieb eine sehr kräftige Ausführung erforderlich. Ferner mußte der Schwimmer sehr groß ausgebildet werden, um eine völlige Dichtung der Ventile zu erreichen. Nachdem die Kinderkrankheiten überwunden waren, sind mit diesen Meßgefäßen rund 7000 cbm Beton hergestellt worden.

Und nun zur Angabe des Wasserzusatzes. Sie erfolgt bislang — traurig aber wahr — nach zehn verschiedenen Gesichtspunkten:

als Wasserzementfaktor,
in Gewichtsprozent,
in Raumprozent.

Ein klareres und einwandfreieres Bild für die Zerrissenheit in der Beurteilung der Betonmischungsverhältnisse kann es wohl kaum geben (vergl. Tabelle S. 74/75).

Bevor hier nicht andere Wege eingeschlagen werden, die an Eindeutigkeit der Ausdrucksweise nichts mehr zu wünschen übrig lassen, solange wird es auch nicht möglich sein, die vielen Kräfte, die an der Erforschung des Gußbetons tätig sind, nutzbringend zusammenzufassen. Was nützen uns noch so viele Erfahrungen, wenn jede Stelle sie anders ausdrückt, von der niemand wiederum genau weiß, ist alles das erfaßt worden, was nötig ist, um darauf weiter aufzubauen.

Die verschiedenen Angaben

z. B. bei einem Mischungs-

In Raumteilen / In Gewichtsteilen = {193 Lit. Zement / 253 kg Zement} = {96,5 Lit. Traß / 96,5 kg Traß}

Wasserzementfaktor		Wasserzementfaktor		Gewichtsprozent	
1 (in Gewichtsteilen)	2	3 (in Raumteilen)	4	5	6
				des Anmachewassers	des Anmachewassers + Porenwasser
bezogen nur auf: Gewicht von Anmachewasser und Zement	bezogen auf: Gewicht von Anmachewasser + Porenwasser und Zement	bezogen nur auf: Rauminhalt von Anmachewasser und Zement	bezogen auf: Rauminhalt von Anmachewasser + Porenwasser und Zement	bezogen auf: das Gewicht der naturfeuchten, losen Betonmaterialien	bezogen auf: das Gewicht der trockenen, losen Betonmaterialien
$\frac{155}{253} = 0{,}61$	$\frac{155+45}{253} = 0{,}79$	$\frac{155}{193} = 0{,}80$	$\frac{155+45}{193} = 1{,}04$	$\frac{155}{\underbrace{253 + 96{,}5 + 2275}_{2624{,}5}} = 5{,}90$	$\frac{155 + 45}{\underbrace{253 + 96{,}5 + 2230}_{2579{,}5}} = 7{,}75$
Gibt keinen einwandfreien Maßstab, sobald außer Zement noch Kalk, Traß, Steinmehl und andere verwendet werden		Gibt keinen einwandfreien Maßstab, sobald außer Zement noch Kalk, Traß, Steinmehl und andere verwendet werden		Gibt keinen einwandfreien Maßstab, da der Wasserzusatz nicht von dem Gewicht der Bindemittel und Zuschlagstoffe abhängig ist, sondern von ihrer Beschaffenheit und ihrem Rauminhalt	
Porenwasser nicht berücksichtigt		Porenwasser nicht berücksichtigt		Porenwasser nicht berücksichtigt	

Wenn ich mich im folgenden auf die Angabe des Wasserzusatzes in Raumprozent der Summe der Einzelrauminhalte als die m. A. nach bislang einwandfreieste festlege, so können dem andere Meinungen gegenüberstehen. Eins muß aber vor allen Dingen festgelegt werden: wir müssen uns sowohl in Theorie

des Wasserzusatzes.

verhältnis von 1 : ½ : 6

= 1160 Lit. Kies = { 45 Lit. Porenwasser, 155 Lit. Wasserzusatz }
= 2230 kg trockener Kies = { 45 kg Porenwasser, 155 kg Wasserzusatz }
= 2275 kg naturfeuchter Kies

Raumprozent		Raumprozent	
7	8	9	10
des Anmachewassers	des Anmachewassers + Porenwasser	des Anmachewassers	des Anmachewassers + Porenwasser
bezogen auf: den Rauminhalt der gemischten losen Betonmaterialien		bezogen auf: die Summe der Einzelrauminhalte der Bindemittel und gemischten Zuschlagstoffe	
$\frac{155}{1160} = 13{,}36$	$\frac{155+45}{1160} = 17{,}24$	$\frac{155}{\underbrace{193+96{,}5+1160}_{1449{,}5}} = 10{,}69$	$\frac{155+45}{\underbrace{193+96{,}5+1160}_{1449{,}5}} = 13{,}79$
Gibt keinen einwandfreien Maßstab, da der Rauminhalt der gemischten losen Masse nicht berücksichtigt, daß er sich erst dann ändert, wenn seine Hohlräume völlig ausgefüllt sind		Gibt den einwandfreiesten Maßstab, da durch die Einzelrauminhalte alle Teile des Betonmischungsverhältnisses berücksichtigt werden	
Porenwasser nicht berücksichtigt		Porenwasser nicht berücksichtigt	

wie auch in der Praxis auf „eine" Ausdrucksweise einigen, wenn wir in der Erkenntnis des Gußbetons voranschreiten wollen. Und diese neue Bestimmung muß in die Betonvorschriften aufgenommen werden.

Von der Höhe des Wasserzementfaktors allein auf die Güte des Betons zu schließen, ist m. A. nach falsch, man erzielt nämlich bei einem Mischungsverhältnis von 193 Liter Zement (1 : 6) und einem Wasserzementfaktor von 1,0 einen zu flüssigen Beton; also Beton, der geringere Festigkeiten aufweisen wird. Setzt man diesem gleichen Mischungsverhältnis jedoch ½ RT Traß = 96,5 Liter hinzu, so ändert sich der Wasserzementfaktor nicht, aber dieser vorher zu flüssige Gußbeton (Flußbeton) wird zum normalen Gußbeton, mit einer ganz anderen Druckfestigkeit als beim reinen Zementbeton; das rührt davon her, daß der Traß in erheblichem Maße das Wasser in fein-

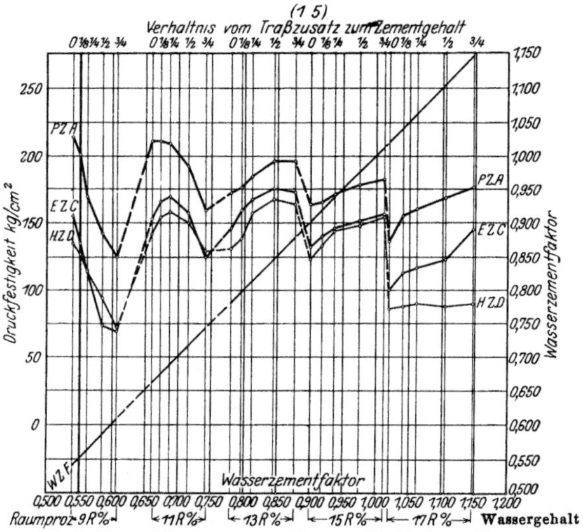

W. Z. F. = Wasserzementfaktor. P. Z. A. = Portlandzement „A". E. Z. C. = Eisenportlandzement „C". H. Z. D. = Hochofenzement „D".

Abb. 47. Die Abhängigkeit der Betondruckfestigkeit vom Wasserzementfaktor.

verteilter Menge und damit unschädlicher Weise bindet. Die unter dem Kapitel „Traßzusatz" aufgeführten Kurven über die Wirkung des verschieden hohen Traßzusatzes ergeben ferner den Beweis dafür, daß der Wasserzementfaktor nicht für jeden Beton als Gütemaßstab für die Betonfestigkeiten gelten darf. Bei 13 Raumprozent Wasser und 193 Liter Zement erhalte ich einen Wasserzementfaktor von 0,911 mit einer Druckfestigkeit von 137 kg/cm². Bei Zusatz von 96,5 Liter Traß mit 13 Raumprozent Wasser erhalte ich einen Wasserzementfaktor von 0,976 mit einer Druckfestigkeit von 161 kg/cm² nach 28 Tagen. Es hätte also nach der Wasserzementfaktortheorie die Druckfestigkeit des Betons sich verringern müssen, was aber bei allen Kurven nicht der Fall ist.

Der in den obigen Zeichnungen (Abb. 47, 48, 49) eingetragene Verlauf des Wasserzementfaktors und der Druckfestigkeit des Betons ergibt:

1. Für reinen Zementbeton stimmt die Abhängigkeit der Betondruckfestigkeit von dem Wasserzementfaktor.

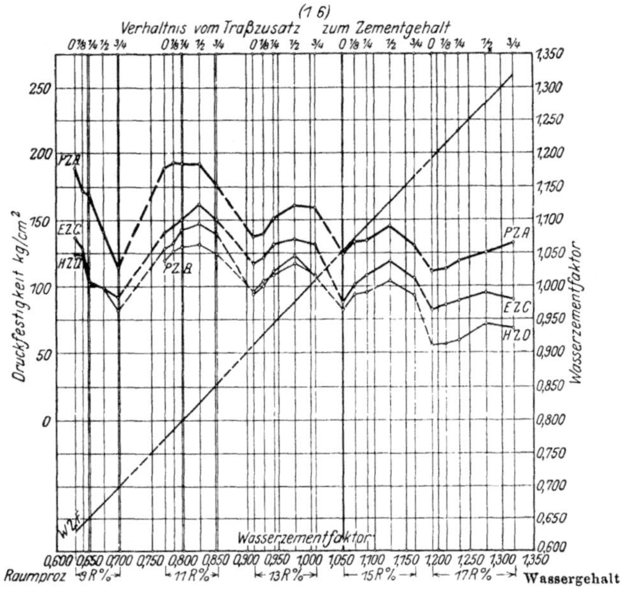

W. Z. F. = Wasserzementfaktor. P. Z. A. = Portlandzement „A“. E. Z. C. = Eisenportlandzement „C“. H. Z. D. = Hochofenzement „D“.

Abb. 48. Die Abhangigkeit der Betondruckfestigkeit vom Wasserzementfaktor.

2. Für Traßzementbeton ist eine Abhangigkeit vom Wasserzementfaktor nicht mehr zu erkennen, da hier für die verschiedenen Wasserzusätze die Betonfestigkeit bei Traßzusatz steigt, statt fällt.
3. Je magerer das Mischungsverhältnis bei Traßzementbeton, desto geringer die Wirkung des Traßzusatzes und daher alsdann das Hervortreten der Abhängigkeit vom Wasserzementfaktor.

„Da also der Wasserzementfaktor „nur“ den Zementzusatz berücksichtigt, ist seine Anwendung als Gütemaßstab für den Beton allgemein nicht aufrechtzuerhalten, zumal wir außer Zement- und

Zementtraßbeton auch noch Kalkzement- und Kalktraßbeton verwenden."

Ein gleich schiefes Bild ergibt sich, wenn der Wasserzusatz „in Gewichtsprozent der trockenen, losen Betonmasse" erfolgt. Sowohl das Zementgewicht wie das Gewicht des Zuschlagmaterials kann sich ändern, ohne daß ihr Volumen in irgendeiner Weise dadurch beeinflußt wird. Abhängig ist der Wasser-

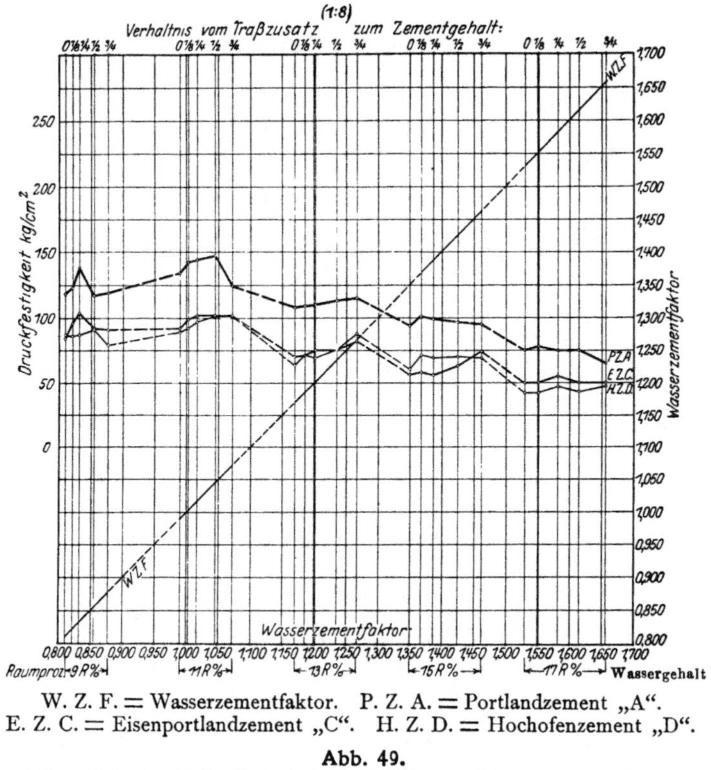

W. Z. F. = Wasserzementfaktor. P. Z. A. = Portlandzement „A".
E. Z. C. = Eisenportlandzement „C". H. Z. D. = Hochofenzement „D".

Abb. 49.
Die Abhängigkeit der Betondruckfestigkeit vom Wasserzementfaktor.

zusatz aber immer nur von der Zusammensetzung und Art des Zuschlagmaterials, niemals von ihrem Gewicht.

Man sollte daher allgemein die Angabe des Wasserzusatzes normalisieren auf Raumprozent der Summe der Einzelrauminhalte von Bindemitteln und gemischten Zuschlagstoffen.

Die Festigkeit des Betons hängt nicht allein von dem im Beton verbleibenden Wasserzusatze ab, sondern auch von der Höhe der in der Betonmaschine dem Beton zugesetzten Wassermenge. Je zäher die Bindemittel in der Mischmaschine gehalten werden, desto größer und gleichmäßiger ihre Haftung an dem Zuschlagmaterial. Je flüssiger die Bindemittel, desto geringer ihre gleichmäßige Kittfähigkeit infolge ungleichmäßiger Umhüllung der Zuschlagstoffe. Es ist also meiner Ansicht nach falsch, wie es bisher gemacht worden ist, die Wasserabgabe aus dem in Arbeit befindlichen Bauwerk von der zugesetzten Wassermenge voll abzuziehen, denn seinen schädlichen Einfluß hat auch das abfließende Wasser bereits auf die Kittfähigkeit des Mörtels ausgeübt.

Außerdem lauft aus der Schalung nicht nur reines Wasser ab, sondern es reißt auch Bindemittelteilchen mit sich, zumal der in der Schalung befindliche Beton durch das Zufließen von neuen Betonmassen immer wieder aufgerührt wird.

Als weiteres Hilfsmittel zur Feststellung der Güte des losen Betongemisches wird in der neuesten Zeit viel die sogenannte „Slumpprobe“ empfohlen.

In der Vorbemerkung zu der Übersetzung der Arbeit von Professor Abrams „Bestimmung von Betonmischungen“ ist der Begriff der Slumpprobe und der Normalkonsistenz, wie sie Abrams seiner Arbeit zugrundelegt, wie folgt bestimmt worden:

a) Slumpprobe.

(Methode zur Feststellung des notwendigen Wasserzusatzes.)

„Das zu untersuchende Betongemisch wird in die Blechform in 3 bis 4 Lagen eingefüllt, wobei jede Lage mit einem zugespitzten Rundeisenstab von 16 mm Ø sorgfältig gestochert wird. Die Form besteht aus nicht rostendem Blech von der Form eines abgestumpften Kegels, der oben 10 cm Ø und unten 20 cm Ø besitzt und 30 cm hoch ist. Nach der Füllung wird die Form sorgfältig lotrecht abgehoben, wobei sich der Beton ausbreitet und etwas einsinkt. Die Größe der Einsenkung, d. h. der Slump, gibt den Maßstab für die Konsistenz der Mischung.

b) Normalkonsistenz

des Betons = relative Konsistenz 1,0 = diejenige Konsistenz, welche dem Beton die größte Druckfestigkeit verleiht, sie hat einen Slump von 2,5 cm.“ —

Bei der Untersuchung des Wasser- und Traßzusatzes und bei der Herstellung des Bauwerksbetons ist auch die Slumpprobe angewandt worden, um ein möglichst umfassendes Bild von der Wertigkeit dieses Prüfungsmittels zu erhalten. Untersucht wurden die in der Tabelle Kapitel III d aufgeführten Mischungsverhältnisse, und zwar Stampf-, Weich-, Guß- und Flußbeton und fette, mittlere, magere Betonmischungen. (vergl. Tabelle S. 80/81)

Verhältnis der Slumpprobe

a) Zementbeton.

Zement-Sorte	Bisher übliche Angabe des Mischungsverhältnisses	Wassergehalt in Raum % 9		11		13		15		17	
		Slump m/m	Druckf. kgcm²	Slump m/m	Druckf. kgcm²	Slump m/m	Druckf. kgcm²	Slump m/m	Druckf. kgcm²	Slump m/m	Druckf. kgcm²
Portland-Zem. A	1:5	0	214	0	211	2,5	172	2,5	163	∾	136
Eisenportl.-Zem. C		0	155	0	153	2,5	146	5,0		∾	100
Hochofen-Zem. D		0	135	0	142	0	131	25,0	123	∾	86
Portland-Zem. A	1:6	0	189	0	189	1,0	137	7,5	124	∾	111
Eisenportl.-Zem. C		0	136	0	159	2,5	117	7,5	79	∾	86
Hochofen-Zem. D		0	124	0	128	1,0	94	3,0	82	∾	55
Portland-Zem. A	1:8	0	118	0	134	0	108	5,0	94	∾	75
Eisenportl.-Zem. C		0	84	0	92	5,5	—	7,5	—	∾	50
Hochofen-Zem. D		0	87	0	89	2,5	63	2,5	60	∾	42

∾ bedeutet: Der Beton lief auseinander.

Das Ergebnis ist folgendes:

1. Die Slumpprobe läßt sich einwandfrei nur durchführen bei einem Wasserzusatz von 13 bis 16 Raumprozenten, also nur bei Weich- und gutem Gußbeton. Für trockenere Konsistenz, also bei einem Wasserzusatz unter 13%, ist die Slumpprobe wertlos. Der in den Slumpkegel eingebrachte Beton behält entweder seine Lage oder bricht bei allzu geringem Wasserzusatz auseinander. Bei einem Wasserzusatz über 16% fließt der Beton wegen zu großen Wasserzusatzes auseinander. — Man ersieht hieraus, daß die Anwendung der Slumpprobe nur auf bestimmte Wasserzusatzmengen begrenzt ist.

zur Druckfestigkeit.

b) Zementtraßbeton.

Höhe des Traß-zusatzes zum Zement	Zement-Sorte	Wassergehalt 15 Raum % — Bisher übliche Angabe des Mischungsverhältnisses von Zement zum Kies: 1 : 5		1 : 6		1 : 8	
		Slump m/m	Druckfest. kg/cm^2	Slump m/m	Druckfest. kg/cm^2	Slump m/m	Druckfest. kg/cm^2
0	Portlandzem. A	2,5	163	7,5	124	5,0	94
	Eisenportland-zem. C	5,0	132	7,5	79	7,5	—
	Hochofenzem. D	25,0	123	3,0	82	2,5	60
1/8	Portlandzem. A	2,5	165	4,0	133	2,5	101
	Eisenportland-zem. C	5,0	140	5,0	91	5,0	—
	Hochofenzem. D	11,0	133	2,0	94	12,5	71
1/4	Portlandzem. A	7,5	171	2,0	134	5,0	99
	Eisenportland-zem. C	7,5	146	∾	108	0	—
	Hochofenzem. D	8,0	144	2,0	95	15,0	69
1/2	Portlandzem. A	5,0	178	1,0	145	5,0	97
	Eisenportland-zem. C	1,0	151	5,0	119	2,5	—
	Hochofenzem. D	7,5	148	4,0	104	15,0	70
3/4	Portlandzem. A	1,0	182	1,0	130	5,0	95
	Eisenportland-zem. C	1,0	156	2,5	106	2,5	—
	Hochofenzem. D	7,5	154	6,0	93	10,0	69

2. Der Slump, d. h. die Einsackung des Betons, hängt von der Zusammensetzung und der Struktur der Zuschlagstoffe ab; hat man z. B. sehr grobes Zuschlagmaterial, sackt der Beton in einem ganz anderen Verhältnis zusammen wie bei feinerem Material.

3. Bei Verwendung von Traß wird wegen der wasserbindenden Eigenschaft desselben der Beton inniger zusammengehalten als wie bei reinem Zementbeton. Der Slump hängt also hier von der Höhe des Traß- und Wasserzusatzes ab.

4. Weiterhin spielt die Zementsorte eine gewisse Rolle. Ein Zement mit höheren Anfangsenergien erzeugt einen anderen Slump als ein normaler Zement bei gleich hohem Wassergehalt des Betons.

5. Das Sackmaß ist ferner abhängig von dem Bedienungsmann. Wird nämlich der Beton, der in drei Lagen einzubringen ist, mit dem Rundeisenstab zu sehr gestochert, so zieht das Wasser in die unteren Schichten und läuft unter dem Trichter heraus; der Slump wird geringer. Wird zu wenig gestochert und schnell eingefüllt, dann wird der Slump größer.

6. Die Normalkonsistenz auf 25 mm Slump festzulegen ist nicht haltbar, da man mit Beton mit geringerem Slump als 25 mm noch wesentlich höhere Festigkeiten erzielen kann, ohne daß man damit zum Stampfbeton übergehen muß.

Man erkennt also aus dem Vorstehenden, daß für einen Gütevergleich des Betongemisches die Slumpprobe zu Trugschlüssen führen kann, da auch die übrigen Faktoren, welche die Konsistenz beeinflussen, herangezogen werden müssen.

Die Erfahrungen beim Bau der Kajemauer in Bremen haben meine Überzeugung dahin befestigt, daß die Slumpprobe für die Beurteilung des Betongemisches und damit der späteren Festigkeit des Bauwerksbetons mehr oder weniger wertlos ist.

Das Schaubild der Konsistenz im großen, wie ich sie zu Beginn dieses Kapitels angeführt habe, gibt bislang das einwandfreieste Bild (vergl. Abb. 35 bis 40).

Die Slumpprobe ist im übrigen sofort überflüssig, wenn die Erkenntnis erst einmal allgemein Eingang gefunden hat, daß der beste Guß- und Weichbeton mit normalem Baukies bei einem Wassergehalt zwischen 13 und 16 Raumprozent erzielt wird, und der Wasserzusatz alsdann durch richtige Wasserabmeßgefäße dauernd der Kontrolle unterworfen ist und somit Schwankungen nicht mehr unterliegt.

Wird ein Zuschlagstoff mit zu vielen feinen und feinsten Kornanteilen verwendet und werden wesentlich fettere Mischungsverhältnisse als 1 : 5 gewählt, dann ist man selbstverständlich gezwungen, den Wasserzusatz zu erhöhen, um den Guß- oder Weichbeton zu erhalten.

Ich verweise ferner nur auf die eine Tatsache, daß man bei heißem, sonnigem Wetter den Wasserzusatz bis zu 2% erhöhen muß, da die Verdunstung zu groß wird. Nimmt man alsdann aus dem frischen Betongemisch die Slumpprobe, so wird sie auseinanderfallen, ohne daß aber im fertigen Bauwerk gegenüber dem geringen Slump bei nasser Witterung die Druckfestigkeit sich vermindert.

7. Ein Slump über 2,5 cm zeigt an, daß an Stelle des Guß- und Weichbetons Flußbeton verwendet wird.

h) Der Traßzusatz.

Sowohl Laboratoriumsversuche mit Normenwürfeln wie die Druckprüfungen mit Kiesbetonwürfeln haben bislang noch nicht einwandfrei klären können, ob in allen Fällen der Traßzusatz druckfestigkeitsvermehrend oder -vermindernd beim Beton wirkt, abgesehen von dem einen Fall, wo bei Unterwasserlagerung der Zementtraßbeton an Druckfestigkeit zunimmt. Dieser eine Fall hat aber nur theoretische Bedeutung, da in der Praxis es sich nur in den allerseltensten Fällen einrichten läßt, einen Bauwerksteil nach seiner Betonierung unter Wasser zu setzen. Auf eins weist allerdings diese Erfahrung hin, daß die fertig hergestellten Bauwerksteile soviel wie möglich genäßt werden mussen.

Ferner erblickte man den Wert des Trasses darin, daß er besonders bei kalkreichen Zementen den überschüssigen Kalk binden soll. Bei kalkarmen Zementen nahm man möglichst von einem Traßzusatz Abstand.

Das widerstrebendste Moment in der Beurteilung des Traßzusatzes bildet meiner Ansicht nach die niemals übereinstimmende Beschaffenheit der Zemente ein und derselben Marke, ganz abgesehen von den verschiedenen Zementsorten. Chemische Beschaffenheit, Mahlfeinheit und Güte der Klinker, also des Brandes, wechseln dauernd. Und gerade die beiden letzten spielen in allen Fallen die ausschlaggebende Rolle.

Was ich von der Mahlung des Zements sagte, gilt hinsichtlich der gleichmäßigen Mahlfeinheit auch fur den Traß. Die Traßindustrie soll die Bedeutung der Mahlfeinheit ihres Trasses nicht unterschätzen. Und ich kann mir sehr wohl denken, daß auf diesem Gebiet eine engere Verknüpfung von Zement- und Traßindustrie nur einen Fortschritt zeitigen kann.

Es ist bislang doch so, daß bei der Herstellung von Zementtraßbeton entweder Zement, Traß und Zuschlagstoffe zusammen in der Betonmaschine gemischt werden, oder der Zement und Traß werden vorher in einer besonderen Mischtrommel vorgemischt und dann erst den Zuschlagstoffen zugesetzt.

Hier ist der Hebel anzusetzen, wo Zement- und Traßindustrie zu gemeinsamer Arbeit zusammentreten sollten. Jede Zementfabrik sollte ihren Zement für die verschiedensten Mischungsverhältnisse und Zuschlagstoffe und tur den verschiedensten Wassergehalt des Betongemisches in Verbindung mit Traß untersuchen und dann dem Zementklinker den erforderlichen Traß gleich hinzusetzen und gemeinsam mahlen. Dem Zement träte damit der Traßzement zur Seite. Und ich glaube, daß unter inniger Mahlung beider eine höhere Mahlfeinheit zugelassen werden kann. Jedenfalls sollten Versuche in dieser Hinsicht aufgenommen werden. Vorbedingung ist jedoch hierfür, daß diese Versuche nicht mit Normensand und 7/7/7/ cm-Würfeln, sondern mit den in der Praxis verwendeten Zuschlagstoffen und mit den großen 30/30/30 cm Würfeln geprüft weıden.*)

Was nützen uns Ergebnisse auf Grund der Normenprüfungen, wenn wir draußen in der Praxis einen derartig trockenen Beton mit rund 8% Wassergehalt, wie er bei der Normenprüfung nur verwendet werden darf, niemals herstellen und, wie ich im Vorstehenden nachgewiesen habe, der verschieden hohe Wasserzusatz und die verschiedenen Zuschlagstoffe auch das Verhalten von Zement und Traß derartig bestimmend beeinflussen?

Ich berühre hiermit wiederum eine von den vielen Aufgaben, die Produzenten und Konsumenten, Staat und Wirtschaft, Theorie und Praxis gemeinsam zu lösen haben. Wie ihre Durcharbeitung vorzusehen ist, darüber wird das letzte Kapitel noch näheren Aufschluß geben. Nur so viel sei hier schon gesagt, daß zur systematischen Erforschung und Rationalisierung des Betons eine Zentralstelle geschaffen werden muß.

Erhebliche Festigkeitsunterschiede beim Zementtraßbeton mit 193 Liter bzw. 145 Liter Zement- und 85 Liter bzw. 65 Liter Traßdosierung auf 1 cbm festen Beton (1:6 bzw. 1: ½:6 und 1:8 bzw. 1: ½:8) veranlaßten mich, nunmehr durch besondere Versuchsreihen mit Betonwürfeln von 30 × 30 × 30 cm Kantenlänge mit kalkreichen und kalkarmen Zementen, verschieden hohem Wasser- und Traßzusatz den wirklichen Einfluß des Trasses auf den Zementbeton festzustellen.

Wie vorauszusehen, führte naturgemäß die Normenprüfung mit den verschiedenen Traßzusätzen, wie die unten angeführten Kurven ergeben, wegen des zu trockenen Gemenges, zu keinem endgültigen Ergebnis. Im Vergleich zu den später erläuterten Betonfestigkeitskurven mit 30 × 30 × 30 cm-Würfeln zeigen sie nur klarer, wie gefährlich es ist, aus Ergebnissen mit 7 × 7 × 7 cm-Würfeln mit Normensand allgemeine Schlüsse zu ziehen.

---

*) Wie ich bei Drucklegung dieser Arbeit feststellte, hat der Traßbund inzwischen in der Vormischanlage „Trassia“ durch Mischung an gemahlenem Zement und Traß in anderer Form den „Traßzement“ geschaffen und durch Versuche seıne Vorzüge festgestellt.

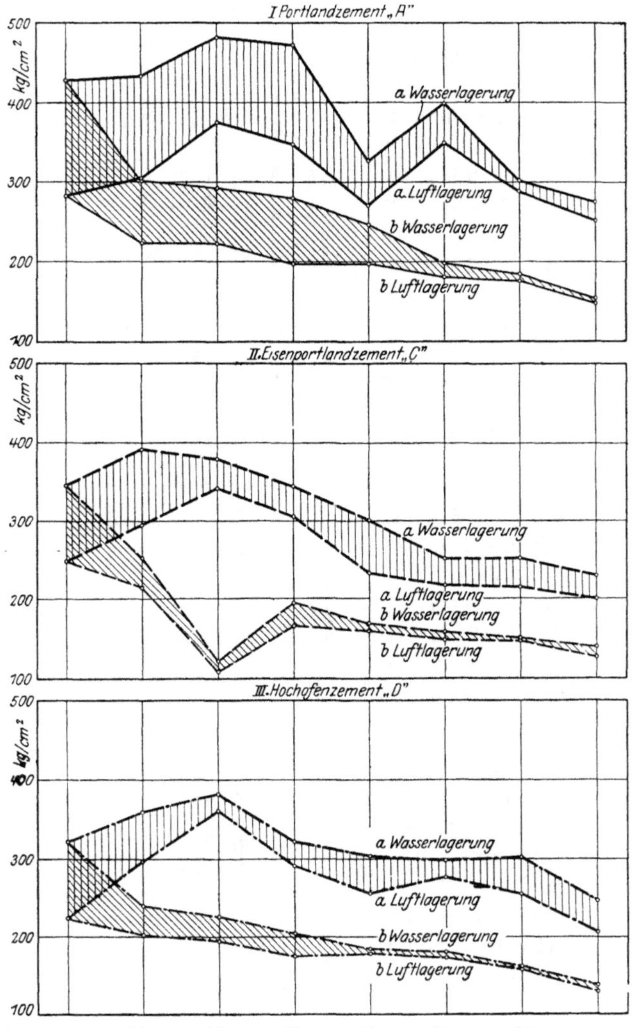

Mischungsverhältnis:	a.	1:0:3	1:1/8:3	1:1/4:3	1:1/3:3	1:1/2:3	1:2/3:3	1:3/4:3	1:1:3
	b.	1:0·3	1:1/8:3,38	1:1/4:3,75	1:1/3:4	1:1/2:4 5	1:2/3:5	1:3/4:5,25	1:1:6
Wasserzusatz in Gewichts %	a.	8,25	8,50	9,0	9,0	9,0	9,5	9,75	10,25
	b.	8,25	8,0	8,25	8,25	8,0	8,0	8 0	8,0

Anmerkung:

a., b. Portlandzement „A"

a., b. Eisen-Portlandzement „C"

a., b. Hochofenzement „D"

Abb. 50. Untersuchung verschiedener Zemente mit verschiedenen Traßzusätzen. Normenprufung nach 28 Tagen. Traß als Bindemittel gewahlt.

Der Traßversuch mit den großen Kiesbetonwürfeln wurde nunmehr nach folgenden Gesichtspunkten vorgenommen:

1. Wie verhält sich der Traß zu den verschiedenen Zementsorten?

   Zu diesem Zweck wurde ein sehr kalkreicher Portland-, ein Eisenportland- und ein kalkarmer Hochofenzement gewählt.

2. Wie verhält sich der Traß zu dem verschieden hohen Wassergehalt?

   Zu diesem Zweck wurde der Stampf-, Weich-, Guß- und Flußbeton untersucht.

3. Wie verhält sich der Traß bei verschieden hohem Zementzusatz?

   Untersucht wurde ein fettes, ein mittleres und ein mageres Mischungsverhältnis.

4. Kann Traß zu einem gewissen Teil den Zement ersetzen?

   Untersucht wurden verschieden hohe Mischungsverhältnisse.

5. Bis zu welchem Prozentsatz des Zementes kann Traß dem Betongemisch hinzugefügt werden?

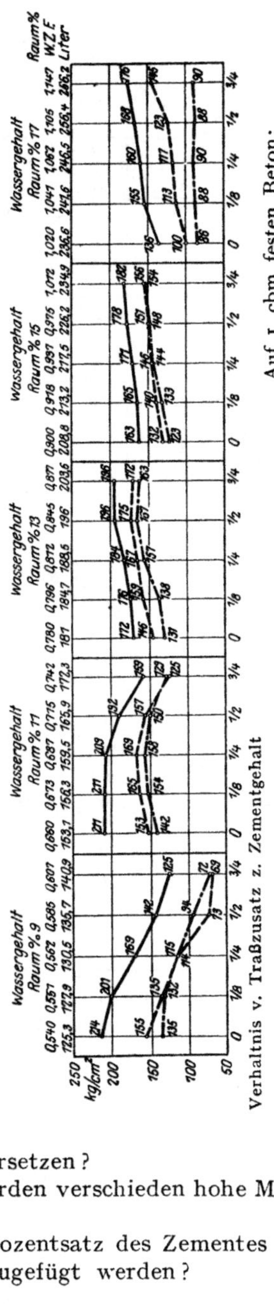

Auf 1 cbm festen Beton:
(1 : 5)

Bezeichnung	Zement	Liter
———	Portland-Zement A	232
— — — —	Eisen-Portland-Zement C	232
— · — · —	Hochofen-Zement D	232

Abb. 51. Druckfestigkeitsergebnisse von Kiesbeton nach 28 Tagen mit verschiedenen Zementen, verschiedenem Zement- und Traßzusatz und Wassergehalt.

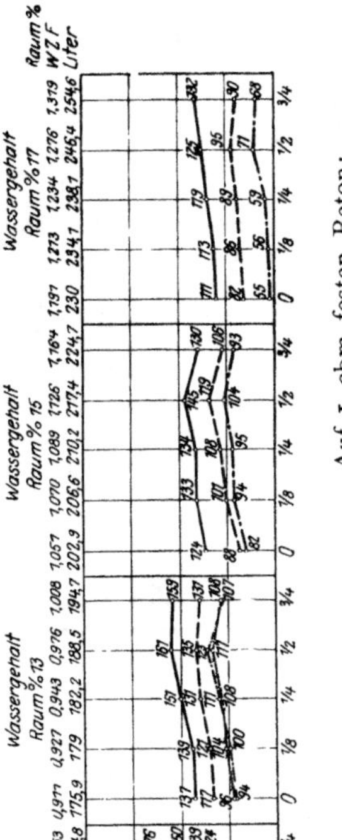

Abb. 51. Druckfestigkeitsergebnisse von Kiesbeton nach 28 Tagen mit verschiedenen Zementen, verschiedenem Zement- und Traßzusatz und Wassergehalt.

Auf **1** cbm festen Beton: (1 : 6)

Bezeichnung	Zement	Liter
———	Portland-Zement A	193
– – – –	Eisen-Portland-Zement C	193
– · – · – ·	Hochofen-Zement D	193
—x—x—	Portland-Zement B	193

Dem Betongemisch wurde Traß bis zu 75% des vorhandenen **Zementanteiles** zugesetzt.

6. Wie verhält sich der Traß zu den verschiedenen Zuschlagstoffen?

Zu den Versuchen wurde **Flußkies, Splittkies und Splitt mit Steinmehl** herangezogen.

Wenn wir nunmehr die in den folgenden Kurven zusammengestellten **Druckfestigkeiten** näher betrachten, so ergeben sich folgende Schlußfolgerungen:

Zu 1. Wie verhält sich der Traß zu den verschiedenen Zementsorten? (Vgl. Kurven Abb. 51.)

Alle Kurven geben das gleiche Bild, daß bei Verwendung von Traß die Konsistenz eine erheblich größere Rolle spielt, als der Einfluß von Portland-, Eisenportland- oder Hochofenzement. — Besonders die Festigkeiten in Kurve Abb. 51, Seite 87, wo ich zum Vergleich noch einen Durchschnittsportlandzement zur Untersuchung herangezogen habe, zeigen deutlich, daß ich mit Eisenportland- und Hochofenzement mindestens gleich hohe, wenn nicht bessere Festigkeiten erzielen kann **als mit Durchschnitts**portlandzement.

Zu 2. Wie verhält sich der Traß zu dem verschieden hohen Wassergehalt?

Viel wichtiger als die Zementsorte ist die Wahl der Höhe des Wasserzusatzes zum losen Betongemisch. Was ich im Kapitel „Wasserzusatz" ausgeführt habe in bezug auf den festigkeitsvermindernden Einfluß des Wasserzusatzes, gilt in doppeltem Maße bei der Verwendung von Traß als Zusatzmittel beim Zementbeton. Je trockener der Beton, desto weniger Traßzusatz, je nasser der Beton, desto mehr Traßzusatz verträgt er, bis im letzteren Fall die natürliche Grenze erreicht ist, wo der Bindemittelanteil durch den Traßanteil zu sehr „verwässert" und der Anteil an feinsten Korngrößen der Zuschlagstoffe zu groß wird, wie es der Kurvenverlauf mit 145 Liter Zement und 72,5 und 108,75 Liter Traß (1 : ½ : 8 u. 1 : ¾ : 8) bei 15 und 17 Raumprozenten Wassergehalt zeigt (Abb. 51, Seite 88).

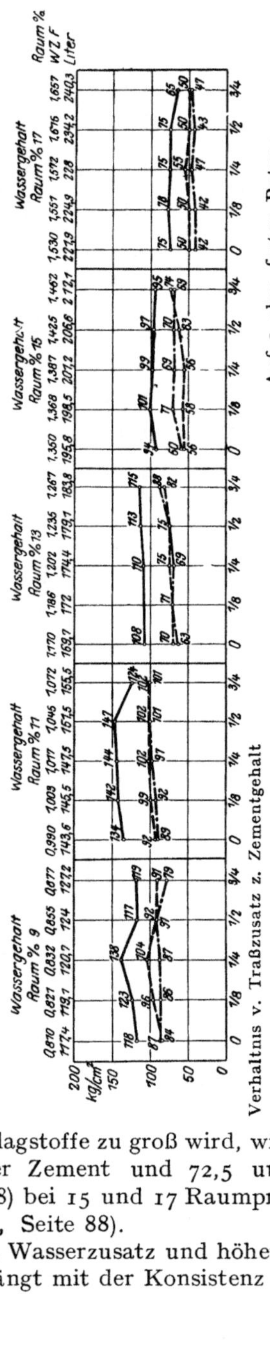

Auf 1 cbm festen Beton:
(1 : 8)

Bezeichnung	Zement	Liter
———————	Portland-Zement A	145
— — — — —	Eisen-Portland-Zement C	145
—·—·—·—	Hochofen-Zement D	145

Abb. 51. Druckfestigkeitsergebnisse von Kiesbeton nach 28 Tagen mit verschiedenen Zementen, verschiedenem Zement- und Traßzusatz und Wassergehalt.

Daß bei geringem Wasserzusatz und höheren Traßanteilen die Festigkeit sinkt, hängt mit der Konsistenz der losen Beton-

Auf 1 m³ festen
Beton entfallen:

Wassergehalt
9 Raum %

Zement	Liter
Portlandemeznt A	(1 : 8)
————————	145
Eisen-Portlandzement C	(1 : 6)
— — — —	193
Hochofenzement D	(1 : 5)
—·—·—	232

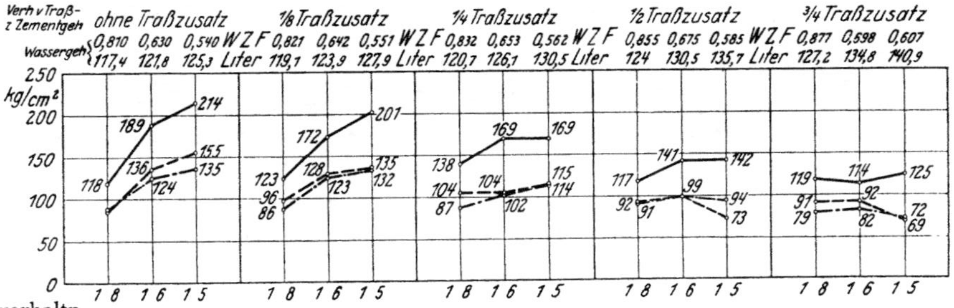

Bislang ubl. Mischungsverhaltn.

Auf 1 m³ festen
Beton entfallen:

Wassergehalt 11 Raum %

Zement	Liter
Portlandzement A	(1 : 8)
————————	145
Eisen-Portlandzement C	(1 : 6)
— — — —	193
Hochofenzement D	(1 : 5)
—·—·—	232

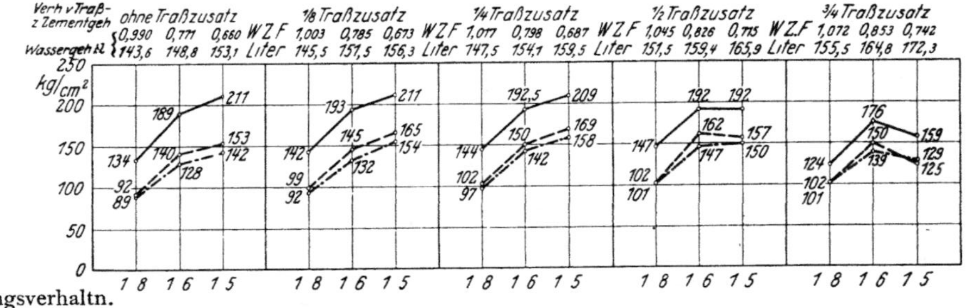

Bislang ubl. Mischungsverhaltn.

Abb. 52. Druckfestigkeitsergebnisse von Kiesbeton nach 28 Tagen mit verschiedenen Zementen verschiedenem Zement- und Traßzusatz und Wassergehalt.

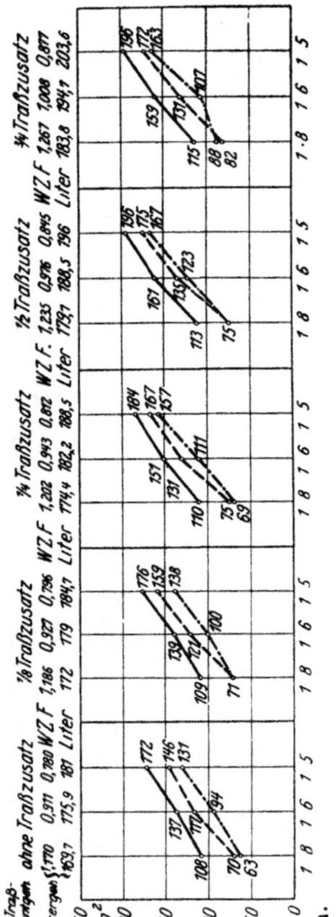

Auf 1 m³ festen Beton entfallen: Wassergehalt 13 Raum %

Zement		Liter
Portlandzement A	(1 : 8)	145
———		
Eisen-Portlandzement C	(1 : 6)	193
— — —		
Hochofenzement D	(1 : 5)	232
—·—·—		

Bislang übl. Mischungsverhältn.

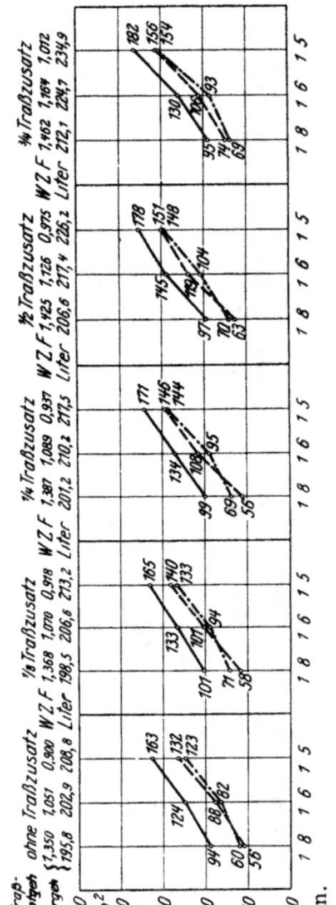

Auf 1 m³ festen Beton entfallen: Wassergehalt 15 Raum %

Zement		Liter
Portlandzement A	(1 : 8)	145
———		
Eisen-Portlandzement C	(1 : 6)	193
— — —		
Hochofenzement D	(1 : 5)	232
—·—·—		

Bislang übl. Mischungsverhältn.

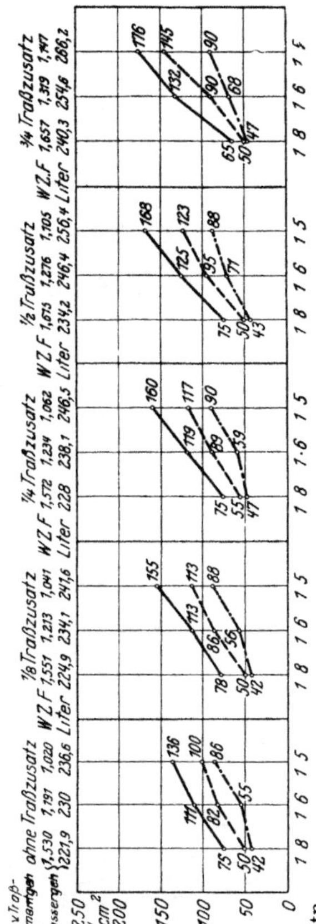

Auf 1 m³ festen Beton entfallen:
Wassergehalt 17 Raum %

Zement	Liter
Portlandzement A (1 : 8) ———	145
Eisen-Portlandzement C (1 : 6) — — —	193
Hochofenzement (1 : 5) — · — · —	232

Bislang übl. Mischungsverhältn.

Abb. 52. Druckfestigkeitsergebnisse von Kiesbeton nach 28 Tagen mit verschiedenen Zementen, verschiedenem Zement- und Traßzusatz und Wassergehalt.

masse zusammen. Sie wird zu trocken und kann dann nicht mehr genügend stark ineinander gestampft werden. Hier zeigt sich also deutlich der Einfluß des Stampfens. — Ferner läßt naturgemäß bei zu trockener Konsistenz die **Bindekraft des Zementes nach,** weil ihm das Wasser fehlt.

Wenn man also die Höhe des Traßzusatzes bestimmen will, dann sei man sich zuvor über die Höhe des Wasserzusatzes klar, alsdann stelle man die Probemischung **her und überzeuge sich von der** Konsistenz der Betonmasse. Bleibt die Masse plastisch, so wird bei normal zusammengesetzten Zuschlagstoffen der gewählte Traßzusatz die Festigkeit des Betons nicht vermindern. Der Verlauf der Kurven in den Abb. 53 bis 55 zeigt an, welchen Wasserzusatz man fur die verschiedenen Traßzusätze am zweckmäßigsten wahlt.

Für Weich- und Gußbeton mit normalem Baukies liegt die Grenze für den Wassergehalt bei 145 bis 232 Liter Zement und 18,12 bis 116 Liter Traß (also Mischungsverhältnisse 1:8 bis 1:5 und 1/8 bis 1/2 Traßzusatz) zwischen 13 und 16 Raumprozent. Bei höherem und niedrigerem Wasserzusatz erzielt man Fluß- und Stampfbeton. — Kann man z. B Weichbeton mit 13 Raumprozent Wassergehalt wegen großer Dichte der Eiseneinlagen nicht verwenden und muß 15%

1 : 5

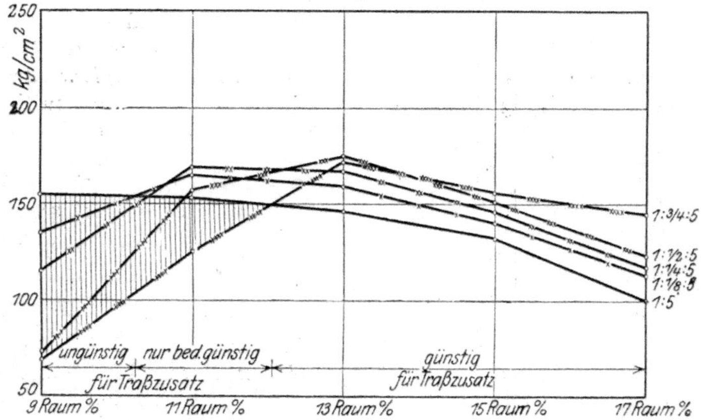

1 : 6

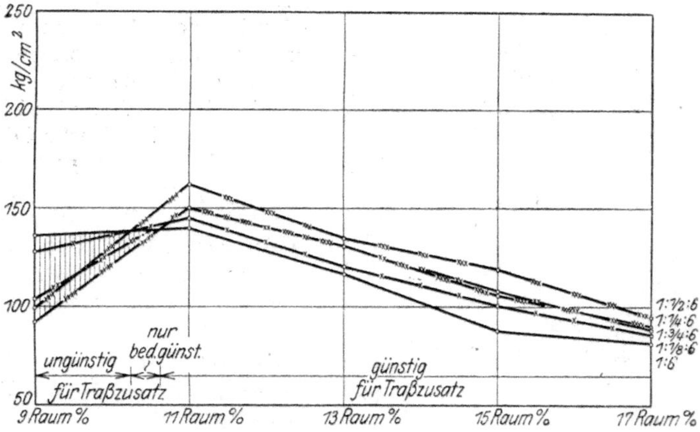

Anmerkung:

bislang ubliches Mischungsverhaltnis	Bezeichnung
1 : 5 u. 1 : 6 u. 1 : 8	――――――――――――
1 : ⅛ : 5 u. 1 : ⅛ : 6 u. 1 : ⅛ : 8	――― × ――― × ――― ×
1 : ¼ : 5 u. 1 : ¼ : 6 u. 1 : ¼ : 8	―― × × ―― × × ―― × ×
1 : ½ : 5 u. 1 : ½ : 6 u. 1 : ½ : 8	― × × × ― × × × ― × × ×
1 : ¾ : 5 u. 1 : ¾ : 6 u. 1 : ¾ : 8	― × × × × ― × × × × ― × × × ×

Abb 53. Verlauf der Druckfestigkeiten von Kiesbeton nach

1 : 8

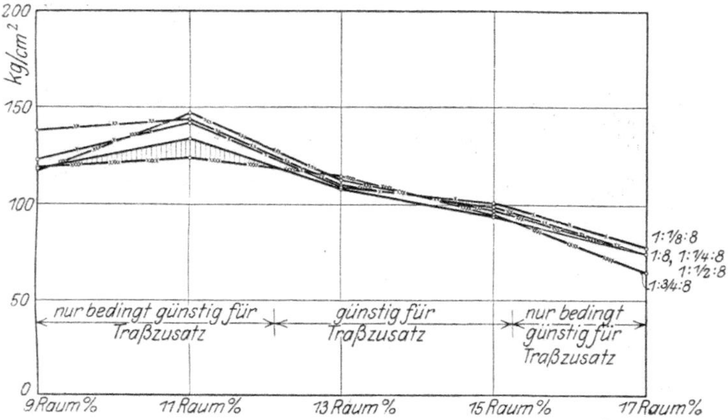

Bislang übliche Angabe des Mischungsverhältnisses in Raumteilen der losen Masse	Zement (Liter)	Traß (Liter)	Auf 1 m³ festen Beton entfallen: Wassergehalt 9 Raum % Liter	9 Raum % W.Z.F.	11 Raum % Liter	11 Raum % W.Z.F.	13 Raum % Liter	13 Raum % W.Z.F.	15 Raum % Liter	15 Raum % W.Z.F.	17 Raum % Liter	17 Raum % W.Z.F.
1:5	232		125,3	0,540	153,1	0,660	181	0,780	208,8	0,900	236,6	1,020
1:⅛:5	232	29	127,9	0,551	156,3	0,673	184,7	0,796	213,2	0,918	241,6	1,041
1.¼:5	232	58	130,5	0,562	159,5	0,687	188,5	0,812	217,5	0,937	246,5	1,062
1:½:5	232	116	135,7	0,585	165,9	0,715	196	0,845	226,2	0,975	256,4	1,105
1:¾:5	232	174	140,9	0,607	172,3	0,742	203,6	0,877	234,9	1,012	266,2	1,147
1:6	193		121,8	0,630	148,8	0,771	175,9	0,911	202,9	1,051	230	1,191
1.⅛:6	193	24,12	123,9	0,642	151,5	0,785	179	0,927	206,6	1,070	234,1	1,213
1.¼:6	193	48,25	126,1	0,653	154,1	0,798	182,2	0,943	210,2	1,089	238,1	1,234
1.½:6	193	96,50	130,5	0,675	159,4	0,826	188,5	0,976	217,4	1,126	246,4	1,276
1.¾:6	193	144,75	134,8	0,698	164,8	0,853	194,7	1,008	224,7	1,164	254,6	1,319
1:8	145		117,4	0,810	143,6	0,990	169,7	1,170	195,8	1,350	221,9	1,530
1 ⅛:8	145	18,12	119,1	0,821	145,5	1,003	172	1,186	198,5	1,368	224,9	1,551
1 ¼:8	145	36,25	120,7	0,832	147,5	1,017	174,4	1,202	201,2	1,387	228	1,572
1.½:8	145	72,50	124	0,855	151,5	1,045	179,1	1,235	206,6	1,425	234,2	1,615
1.¾:8	145	108,75	127,2	0,877	155,5	1,072	183,8	1,267	212,1	1,462	240,3	1,657

Zementsorte: Portlandzement „A".

28 Tagen bei verschiedenem Wassergehalt und Mischungsverhaltnis.

1 : 5

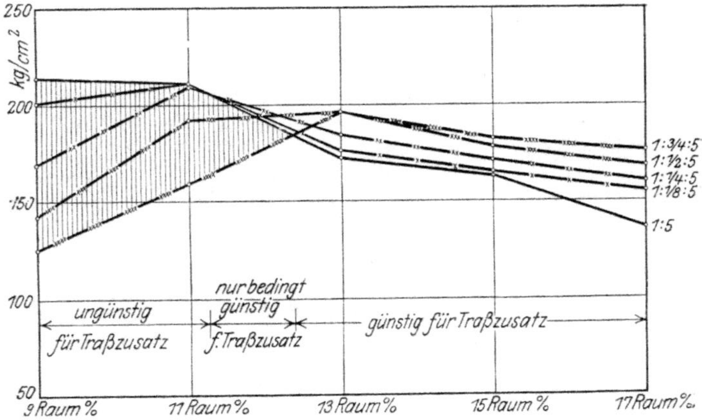

1 : 6

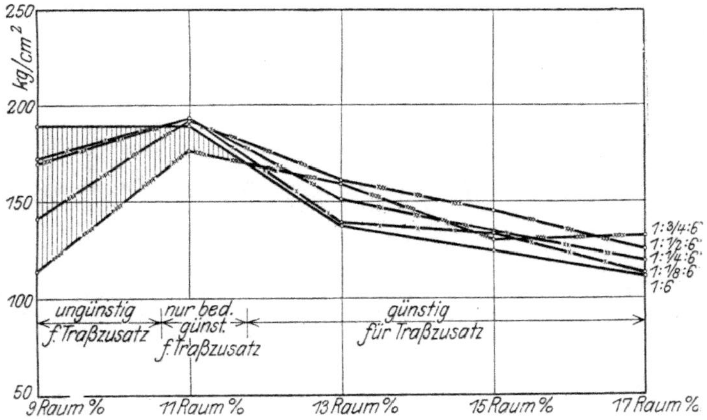

Anmerkung:

bislang ubliches Mischungsverhältnis	Bezeichnung
1 : 5 u. 1 : 6 u 1 : 8	——————— ——————— ———————
1 : 1/8 : 5 u. 1 · 1/8 : 6 u. 1 : 1/8 : 8	——— × ——— × ——— ×
1 : 1/4 : 5 u. 1 : 1/4 : 6 u. 1 : 1/4 : 8	——— × × ——— × × ——— × ×
1 : 1/2 : 5 u. 1 : 1/2 : 6 u. 1 : 1/2 : 8	——— × × × ——— × × × ——— × × ×
1 . 3/4 : 5 u. 1 : 3/4 : 6 u. 1 : 3/4 : 8	—— × × × × —— × × × × —— × × × ×

Abb. 54. Verlauf der Druckfestigkeiten von Kiesbeton nach

1 : 8

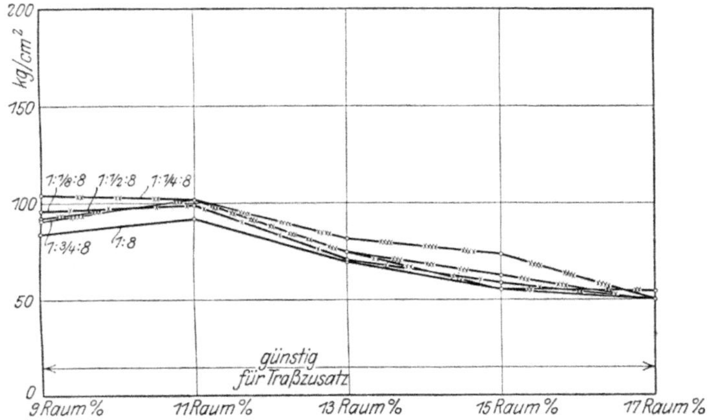

Bislang übliche Angabe des Mischungsverhältnisses in Raumteilen der losen Masse	Auf 1 cbm festen Beton entfallen:											
	Zement (Liter)	Traß (Liter)	Wassergehalt									
			9 Raum %		11 Raum %		13 Raum %		15 Raum %		17 Raum %	
			Liter	W.Z.F.	Liter	W.Z.F.	Liter	W.Z.F.	Liter	W.Z.F.	Liter	W.Z.F.
1 : 5	232		125,3	0,540	153,1	0,660	181	0,780	208,8	0,900	236,6	1,020
1·⅛:5	232	29	127,9	0,551	156,3	0,673	184,7	0,796	213,2	0,918	241,6	1,041
1.¼:5	232	58	130,5	0,562	159,5	0,687	188,5	0,812	217,5	0,937	246,5	1,062
1:½:5	232	116	135,7	0,585	165,9	0,715	196	0,845	226,2	0,975	256,4	1,105
1:¾:5	232	174	140,9	0,607	172,3	0,742	203,6	0,877	234,9	1,012	266,2	1,147
1:6	193		121,8	0,630	148,8	0,771	175,9	0,911	202,9	1,051	230	1,191
1 ⅛:6	193	24,12	123,9	0,642	151,5	0,785	179	0,927	206,6	1,070	234,1	1,213
1:¼:6	193	48,25	126,1	0,653	154,1	0,798	182,2	0,943	210,2	1,089	238,1	1,234
1.½:6	193	96,50	130,5	0,675	159,4	0,826	188,5	0,976	217,4	1,126	246,4	1,276
1.¾:6	193	144,75	134,8	0,698	164,8	0,853	194,7	1,008	224,7	1,164	254,6	1,319
1:8	145		117,4	0,810	143,6	0,990	169,7	1,170	195,8	1,350	221,9	1,530
1.⅛:8	145	18,12	119,1	0,821	145,5	1,003	172	1,186	198,5	1,368	224,9	1,551
1·¼:8	145	36,25	120,7	0,832	147,5	1,017	174,4	1,202	201,2	1,387	228	1,572
1 ½:8	145	72,50	124	0,855	151,5	1,045	179,1	1,235	206,6	1,425	234,2	1,615
1.¾·8	145	108,75	127,2	0,877	155,5	1,072	183,8	1,267	212,1	1,462	240,3	1,657

Zementsorte: Eisenportlandzement „C“.

28 Tagen bei verschiedenem Wassergehalt und Mischungsverhaltnis.

1 : 5

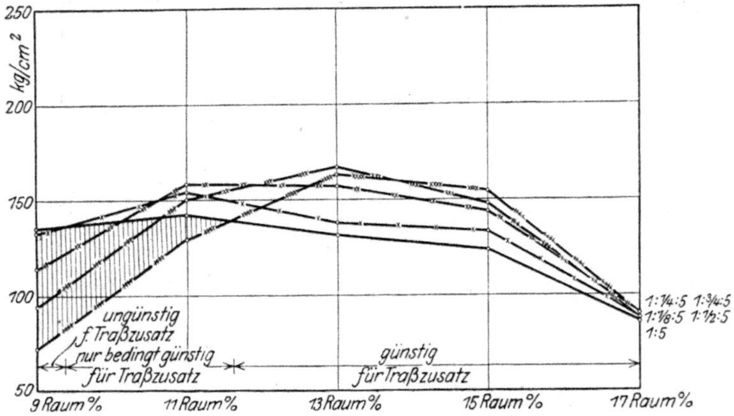

1 : 6

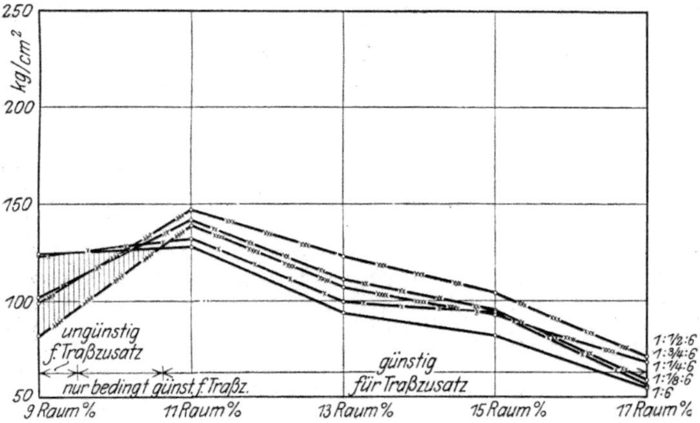

Anmerkung:

bislang übliches Mischungsverhältnis	Bezeichnung
1 : 5 u. 1 : 6 u. 1 : 8	————————
1 : ⅛ : 5 u. 1 : ⅛ : 6 u. 1 : ⅛ : 8	——— × ——— × ——— ×
1 : ¼ : 5 u. 1 : ¼ : 6 u. 1 : ¼ : 8	——— × × ——— × × ——— × ×
1 : ½ : 5 u. 1 : ½ : 6 u. 1 : ½ : 8	—— × × × —— × × × —— × × ×
1 ¾ : 5 u. 1 : ¾ : 6 u. 1 : ¾ : 8	— × × × × — × × × × — × × × ×

Abb. 55. Verlauf der Druckfestigkeiten von Kiesbeton nach

1 : 8

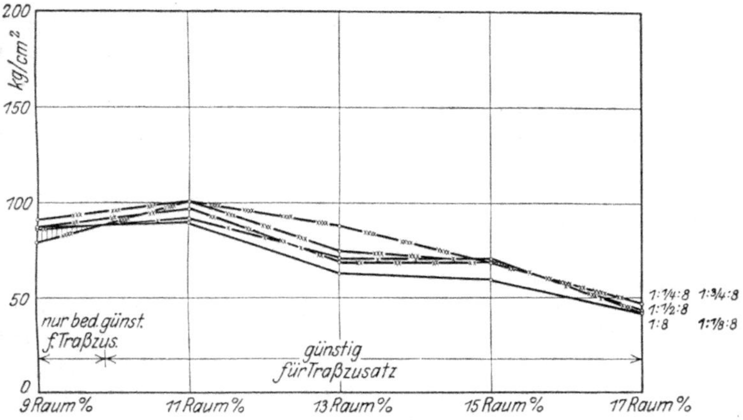

Bislang übliche Angabe des Mischungsverhaltnisses in Raumteilen der losen Masse	Auf 1 m³ festen Beton entfallen											
	Zement (Liter)	Traß (Liter)	Wassergehalt									
			9 Raum %		11 Raum %		13 Raum %		15 Raum %		17 Raum %	
			Liter	W. Z. F.	Liter	W. Z. F.	Liter	W. Z. F.	Liter	W. Z. F.	Liter	W. Z. F.
1:5	232		125,3	0,540	153,1	0,660	181	0,780	208,8	0,900	236,6	1,020
1:⅛:5	232	29	127,9	0,551	156,3	0,673	184,7	0,796	213,2	0,918	241,6	1,041
1·¼:5	232	58	130,5	0,562	159,5	0,687	188,5	0,812	217,5	0,937	246,5	1,062
1:½:5	232	116	135,7	0,585	165,9	0,715	196	0,845	226,2	0,975	256,4	1,105
1.¾:5	232	174	140,9	0,607	172,3	0,742	203,6	0,877	234,9	1,012	266,2	1,147
1:6	193		121,8	0,630	148,8	0,771	175,9	0,911	202,9	1,051	230	1,191
1 ⅛:6	193	24,12	123,9	0,642	151,5	0,785	179	0,927	206,6	1,070	234,1	1,213
1:¼:6	193	48,25	126,1	0,653	154,1	0,798	182,2	0,943	210,2	1,089	238,1	1,234
1.½:6	193	96,50	130,5	0,675	159,4	0,826	188,5	0,976	217,4	1,126	246,4	1,276
1:¾:6	193	144,75	134,8	0,698	164,8	0,853	194,7	1,008	224,7	1,164	254,6	1,319
1:8	145		117,4	0,810	143,6	0,990	169,7	1,170	195,8	1,350	221,9	1,530
1:⅛:8	145	18,12	119,1	0,821	145,5	1,003	172	1,186	198,5	1,368	224,9	1,551
1:¼:8	145	36,25	120,7	0,832	147,5	1,017	174,4	1,202	201,2	1,387	228	1,572
1:½:8	145	72,50	124	0,855	151,5	1,045	170,1	1,235	206,6	1,425	234,2	1,615
1:¾:8	145	108,75	127,2	0,877	155,5	1,072	183,8	1,267	212,1	1,462	240,3	1,657

Zementsorte: Hochofenzement „D".

28 Tagen bei verschiedenem Wassergehalt und Mischungsverhaltnis.

Wasser wählen, dann erhält man bei Zementbeton einen Festigkeitsabfall, den man durch Traßzusatz wettmachen kann, da bei 15 Raumprozent der Traßzementbeton eine genügend weiche Konsistenz zur Verarbeitung zwischen den Eiseneinlagen noch besitzt. Während ich nämlich bei 193 Liter Zement und 13 Raumprozent 137 kg/cm² Druckfestigkeit nach 28 Tagen erziele, fällt diese bei 15 Raumprozent auf 124 kg/cm² ab, während sie bei ½ Traßzusatz auf 145 kg/cm² wieder heraufschnellt und damit über die Festigkeit des reinen Zementbetons mit 13 Raumprozent hinausgeht.

Zu 3. Wie verhält sich der Traß bei verschieden hohem Zementzusatz? (Vgl. Abb. 53 bis 55.)

Bei mageren Mischungsverhältnissen ist der Einfluß des verschieden hohen Traßzusatzes, ob man nun trocken oder naß mischt, nur gering. Fettere Mischungsverhältnisse als mit 232 Liter Zement und Traßzusatz auf 1 m³ festen Beton (1:5) sollte man für Massivbauten nicht verwenden, und auch letzteres „nur" dann, wenn ausnahmsweise hohe statische Beanspruchungen oder praktische Gründe dieses erfordern. Mit 193 Liter Zement und entsprechendem Traßzusatz erreicht man nur durch die Regulierung des Wasserzusatzes genügend hohe Festigkeiten.

Beim Bau der Kajemauer haben wir sogar ohne Bedenken für den aufgehenden Bauwerksteil das Mischungsverhältnis mit 145 Liter Zement und 72,5 Liter Traß (1:½:8) gewählt und Festigkeiten erzielt, die vollauf den Ansprüchen genügten.

Zu 4. Kann Traß zu einem gewissen Teil den Zement ersetzen? (Abb. 42—44 u. 56).

Die mit Normensand und verschieden hohen Traßzusätzen vorgenommenen Druckfestigkeitsprüfungen, Abb. 50, zeigen, daß anscheinend der Traß nicht die Fähigkeit besitzt, auch nur zu einem geringen Prozentsatz das Bindemittel Zement zu ersetzen. Der Druckfestigkeitsabfall ist doch ganz erheblich! Die Ursache liegt selbstverständlich wieder in dem zu geringen Wassergehalt und der einseitigen Kornzusammensetzung.

Das Bild verschiebt sich aber sofort zugunsten des Trasses, wenn man zu den in der Praxis verwendeten Zuschlagstoffen und Wasserzusätzen übergeht.

Von dem Gesichtspunkt aus betrachtet, daß man den Traß-Zementbeton mit weniger Wasser besser verarbeitbar gestalten kann als den reinen Zementbeton, kann man tatsächlich mit weniger Zement-, aber mit Traßzusatz gleiche oder sogar höhere Druckfestigkeiten erreichen als mit reinem Zementbeton. (Vgl. auch Abb. 42—44.)

„Man muß allerdings beim Traßzusatz aufs schärfste den Wassergehalt des Betons kontrollieren. Ferner muß selbstverständlich der Zuschlagstoff normale Zusammensetzung und nicht zu viele feine und feinste Kornbestandteile besitzen.“

Zu 5. Bis zu welchem Prozentsatz des Zementes kann Traß dem Betongemisch hinzugefügt werden? (Abb. 51 und 53 bis 55.)

Der Verlauf der Druckfestigkeitskurven zeigt, daß nur in Ausnahmefällen und nur bei höherem Wasserzusatz die Druck-

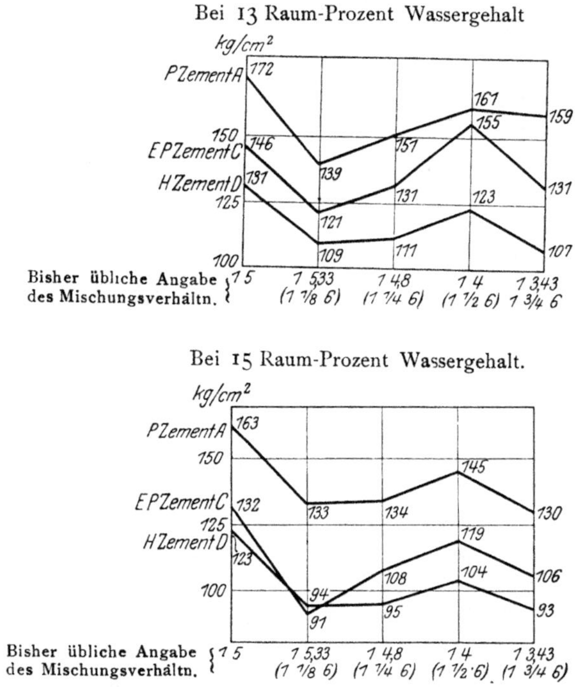

Abb. 56. Verlauf der Druckfestigkeiten nach 28 Tagen bei Ersatz eines Teiles des Zementes durch Traß.

festigkeit des Betons mit ³/₄ Traßzusatz noch zunimmt. Da man ferner jeweils den Anteil der feinsten Korngrößen des Zuschlagstoffes berücksichtigen muß, so kann man von einem derartig hohen Traßzusatz von ³/₄ des Zementanteiles Abstand nehmen. „Je nach Höhe des Wasserzusatzes und der feinsten Korngrößen des Zuschlagstoffes wähle man daher den Traßzusatz von ¹/₈ bis ¹/₂ des jeweiligen Zementanteiles.“

Zu 6. Wie verhält sich der Traß zu den verschiedenen Zuschlagstoffen? (Vergl. Abb. 57 u. 58).

Allgemein kann man aus dem Verhältnis der Druckfestigkeiten von reinem Zementbeton zum Traßzementbeton schließen, daß der Traß nur dann größere Festigkeitszunahme erzielt, wenn die Kornzusammensetzung gut und die Hohlräume

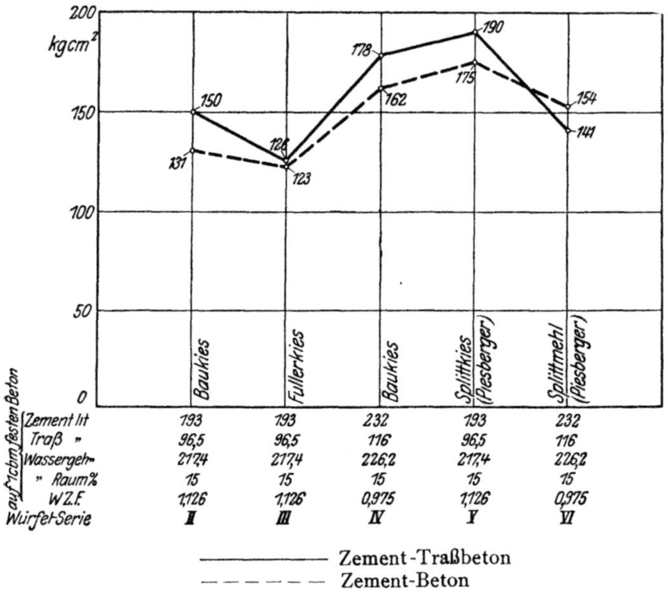

Abb. 57.
Betondruckfestigkeitsergebnisse nach 28 Tagen für Portland-Zement „A" bei verschiedenen Mischungsverhältnissen u. Zuchlagstoffen, aber gleichem Wassergehalt von 15 Raumprozent.

nicht mehr als 25% betragen. Die Kornzusammensetzung der verwendeten Zuschlagstoffe geht aus Kapitel III e, Abb. 21 u. 25 hervor. Während bei dem ungesiebten Betonkies die Festigkeitszunahme durchschnittlich etwa 10 bis 20% beträgt, geht diese bei dem zu groben Fullerkies und dem sperrigen Splittkies auf 1 bis 7% herab, bleibt also im Grunde genommen auf der Höhe des reinen Zementbetons bestehen.

Bei dem Splittbeton mit Zusatz von Steinmehl sinkt sogar die Festigkeit des Traßzementbetons unter die des Zementbetons, weil hauptsächlich einmal der Anteil der feinsten Korngrößen des Zuschlagstoffes zu hoch und andererseits bei

13 und 15 Raumprozenten Wassergehalt die Konsistenz zu trocken wird.

Allgemein kann also festgestellt werden:

„Es ist nicht richtig, wenn es bislang allgemein heißt, der Traßzusatz vermindert die Festigkeit

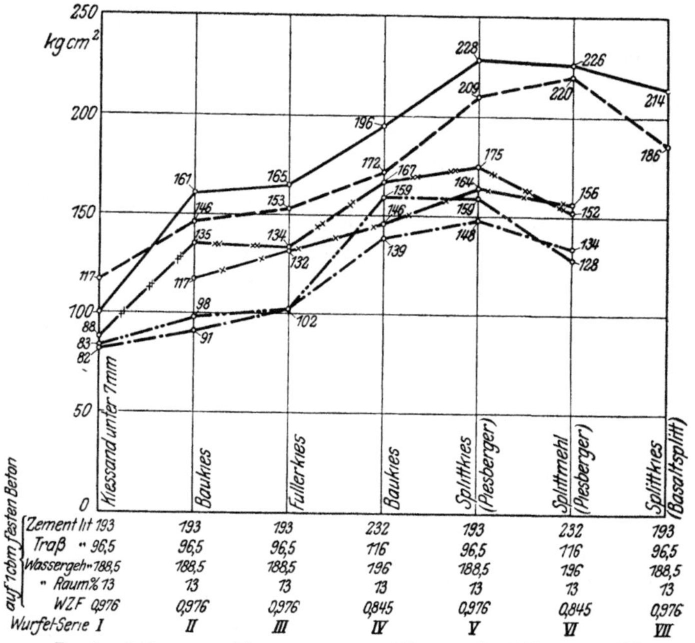

Portland-Zement „A“

——————— Zement-Traßbeton

— — — — — — Zement-Beton

Eisenportland-Zement „C“

— XX —— XX — Zement-Traßbeton

— X —— X — Zement-Beton

Portland-Zement „B“

— · · —— · · — Zement-Traßbeton

— · —— · — Zement-Beton

Abb. 58. Betondruckfestigkeitsergebnisse nach 28 Tagen für verschiedene Zemente, Mischungsverhältnisse und Zuschlagstoffe bei gleichem Wassergehalt von 13 Raumprozent.

des Zementbetons. Er vermindert diese nur dann, wenn er mit zu wenig oder zu viel Wasser angemacht wird, oder wenn die Zuschlagstoffe mit dem Traß zusammen zu viele feinste Kornanteile besitzen. Auch der Traß will individuell behandelt sein.“

Es liegt also der Wert des Trasses nicht allein in der wahrscheinlichen späteren chemischen Bindung des überschüssigen Kalkes bei kalkreichen Zementen, sondern vor allem darin, daß er den Wasserzusatz in fein verteilter Menge bindet und damit dessen schädlichen Einfluß wesentlich herabmindert.

Also auch hier liegt der Schlüssel zur Erkenntnis des Traßeinflusses in dem Wassergehalt des losen Betongemisches. Je magerer und je sperriger die lose Betonmasse ist, desto mehr Wasser wird benötigt, um sie im Schalungsraum zu verarbeiten. Je dichter die Betonmasse und je mehr feinste Kornanteile vorhanden sind, desto leichter läßt sie sich im Bauwerk verarbeiten, da sie mehr Schmiermittel besitzt. Diese feinsten Kornanteile dürfen aber nicht bereits in solchem Maße allein in den Zuschlagstoffen vorhanden sein, sondern sollen erst mit dem Zement bzw. Traß zugeführt werden.

Der Traßzusatz hat also den Vorteil, daß er das lose Betongemisch leichter verarbeitbar gestaltet, sobald die Konsistenz über den Stampfbeton hinausgeht. Für Rinnenbeton ist also der Traß dieser Eigenschaft wegen besonders zu empfehlen.

Daß der Traßzusatz den an sich spröden Zementbeton elastischer gestaltet, ist bekannt.

Der Traß verhindert ferner besonders bei fetten Betonmischungen meiner Ansicht nach die Gefahr der Risseerscheinungen.

Falsch ist also nach Vorstehendem, einen bestimmt hohen Traßzusatz allgemein zu empfehlen.

Inwieweit der Traßzusatz durch fein gemahlenen Quarzsand oder dergleichen ersetzt werden kann, bleibt noch einer eingehenden Untersuchung vorbehalten. Ich halte es jedoch für unwahrscheinlich, daß man mit letzterem gleiche Ergebnisse erzielt wie mit Traß. Ob es ferner wirtschaftlicher ist, hängt von der Preisfrage ab.

IV. Die Prüfung der Baustoffe und des Betons und die Überwachung der Betonbereitung auf Baustellen.

a) Die Prüfung des Zementes.

1. Die verschiedenen Zementsorten.

Zur Zeit werden in Deutschland hauptsächlich drei Zementsorten hergestellt:

I. Der Portlandzement.
II. Der Eisenportlandzement.
III. Der Hochofenzement.

Ihre Zusammensetzung ist durch die „Deutschen Normen für einheitliche Lieferung und Prüfung von Portland-, Eisenportland- und Hochofenzement“ festgelegt.

Die einzelnen Zementsorten unterscheiden sich wieder in Schacht- und Drehofenzement, wobei zu bemerken ist, daß die in den modernen Drehöfen hergestellten Zementklinker einem intensiveren Brennprozeß unterworfen gewesen sind.

2. Die Prüfung des Zementgewichtes.

Größtenteils wird in Deutschland der Zement in Säcken zu 50 kg angeliefert. Das Gewicht darf nach den Vorschriften bis zu 2% schwanken. Da jedoch festgestellt ist, wie ich unter Kapitel III f ausgeführt habe, daß das Sackgewicht größeren Schwankungen unterworfen ist, ist es zu empfehlen, dieses durch Stichproben nachzuprüfen, um die Zementzugabe zum Beton einheitlich zu gestalten.

Um festzustellen, wie hoch die Ausbeute des Zementes ist, ist es notwendig, daß man sich von der Fabrik, von der man den Zement bezieht, das eingerüttelte Litergewicht des Zementes angeben läßt, um bei der Mischung nach Raumteilen dem Zuschlagstoff nicht zu viel oder zu wenig Bindemittel zuzusetzen.

3. Die Prüfung der Güte des Zementes*).

Die Prüfung des Zementes hat sich auf folgende Gesichtspunkte zu erstrecken:

α) Mahlfeinheit.

Portlandzement sowie der Eisenportlandzement dürfen laut Normenprüfung höchstens 5% Rückstand auf dem 900-Maschensieb und Hochofenzement darf auf dem 4900-Maschensieb nur 12% Rückstände hinterlassen. Zur Feststellung der Mahlfeinheit bediene man sich der vorgeschriebenen Normensiebbüchse, in der das 900- und 4900-Maschensieb eingespannt sind. Es sollen jeweils den Vorschriften entsprechend 100 g Zement zur Siebprobe verwandt werden. Die 100 g auf einmal in der Siebbüchse auszusieben, hat sich als nicht praktisch erwiesen, da die Menge für eine reine Durchsiebung zu groß ist. Man teile sie daher in zwei Teile zu je 50 g und bearbeite sie nacheinander. — Man lasse sich nicht verleiten, die Siebung nicht mit der nötigen Ausdauer vorzunehmen. Nach den vorliegenden Erfahrungen kann für die Durcharbeitung von 50 g Zement mit etwa 3/4 Std. gerechnet werden. Das gleichzeitige Hineinwerfen von Geldstücken in die Siebprobe, um diese zu beschleunigen, ist zu untersagen!

Wie sehr die Mahlfeinheit schwankt, habe ich unter Kapitel III f näher ausgeführt.

*) Der hochwertige Zement wird von mir gesondert behandelt werden.

β) Abbindezeit.

Zur Feststellung der Abbindezeit steht die Vicatsche Nadel zur Verfügung. – Für die Durchführung der Prüfung geben die „Deutschen Normen für einheitliche Lieferung und Prüfung von Zement“ eingehend Auskunft.

γ) Prüfung der Raumbeständigkeit.

I. Kuchenprobe.

Über die Raumbeständigkeitsprüfung mit Hilfe der Kuchenprobe geben ebenfalls die „Deutschen Normen für einheitliche Lieferung und Prüfung der verschiedenen Zemente“ Aufschluß. Man achte bei der Herstellung der Kuchenplatten darauf, daß nicht zu viel Wasser zur Herstellung verwendet wird, da sonst diese Zementplatten zu dünn werden und dann leicht zu Schwindrissen neigen können. Man lasse sich nicht verleiten, diese alsdann als Treibrisse anzusprechen!

II. Kugelprobe.

Eine weitere Prüfung der Raumbeständigkeit kann durch die sogenannte Kugelprobe erfolgen. Es werden 100 g Zement genommen und diesem etwa 20% Wasser zugesetzt, so daß er sich in der Hand zu einer Kugel formen läßt. Alsdann wird diese sofort 1½ Std. lang über die Gas- oder Spritflamme gelegt. Es dürfen sich keine Risse zeigen, andernfalls sind in dem Zement treibende Substanzen vorhanden. – Es ist alsdann zweckmäßig, sofort den Zement auf seine Mahlfeinheit zu prüfen und die gesamte Normenprüfung durchzuführen.

Wegen der schnellen Prüfungsmethode ist diese Kugelprobe für die Abnahme von Zement sehr zu empfehlen. Die beim Bau der Kajemauer verwendeten rund 9000 t Zement sind, da auf eine Lagerung auf der Baustelle von Seiten des Hafenbauamtes verzichtet wurde, sofort verarbeitet worden. Es konnte daher auch die abgekürzte 7-tägige Normenprüfung nicht erst vorgenommen werden. Man begnügte sich daher mit der Kugelprobe und Feststellung der Mahlfeinheit und ließ den Zement alsdann, wenn er diese beiden Prüfungen bestand, für die Herstellung des Betons zu und führte nachträglich die große Normenprüfung durch. Unterschiede haben sich nicht gezeigt, im Gegenteil bestätigte sich in allen Fällen, wo die Kugelprobe Risse zeitigte, worauf die Ablehnung des Zementes erfolgte, daß bei der Nachprüfung der Mahlfeinheit der Zement nicht den Normenbestimmungen entsprach, zu große Rückstände hatte und Treiberscheinungen zeigte.

δ) Prüfung der Normenfestigkeit.

Die Prüfung der Normenfestigkeit ist nach den „Deutschen Normen für einheitliche Lieferung und Prüfung der verschiedenen Zemente" durchzufuhren.

b) Die Prüfung der Zuschlagstoffe.

Für die Herstellung von Beton werden in Deutschland an Zuschlagstoffen hauptsächlich verwendet:

1. Gesiebter und ungesiebter Kies aus Gruben und Flüssen.
2. Splitt- und Schottermaterial.

Der für Betonzwecke zu verarbeitende Kies sollte in allen Korngrößen aus einem der Verwitterung nicht unterliegenden Material bestehen. Je größer seine Härte und seine Festigkeit,

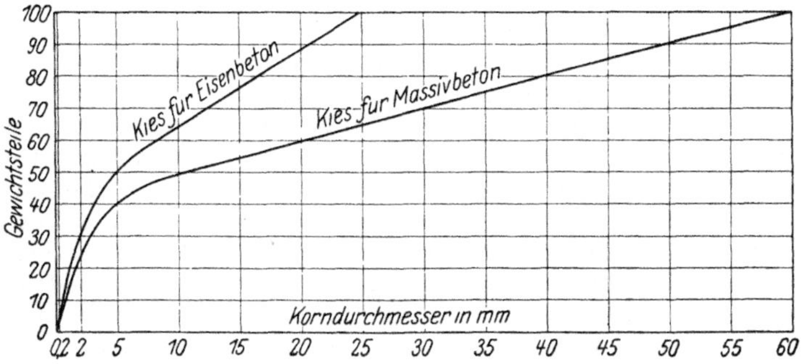

Abb. 59. Normale Kornzusammensetzung des Betonkieses.

desto besser der Beton. Der Kies soll frei von Ton, Lehm, Muscheln und sonstigen erdigen Bestandteilen sein.

Der Bestand an Holz- und Kohlenstückchen soll möglichst 1% nicht überschreiten.

Grubenkies darf in ungesiebtem und ungewaschenem Zustande wegen der Gefahr des hohen Anteiles an lehmigen und erdigen Bestandteilen nicht verwendet werden.

Ein zu großer Gehalt von zu feinem oder zu grobem Korn drückt die Festigkeit wesentlich herunter. Ungesiebter Kies sollte möglichst eine Zusammensetzung haben, die der vorstehenden Kieskurve (Abb. 59) entspricht:

Kies für Massenbeton sollte Korngrößen von 0 bis 60 mm, fur Eisenbeton von 0 bis 25 mm Korngrößen umfassen.

Der Hohlraumgehalt des Kieses soll theoretisch in eingerütteltem trockenen Zustande 20% betragen, zu erstreben ist es, daß er rund 23% nicht überschreitet. Um einen möglichst dichten Beton zu erzielen, ist es notwendig, daß der festgestellte

Hohlraumgehalt des Kieses ausgefüllt wird. Zu beachten ist, daß nicht der teuere Zement dazu da ist, die Hohlräume auszufüllen, sondern nur die einzelnen Körner mit seiner Kittmasse zu umhüllen. Sind also zu viel Hohlräume vorhanden, dann trete man an Hand der Siebkurve der Frage näher, die noch fehlenden Korngrößen hinzuzufügen. In den Fallen, wo man den Traßzusatz wählt, werden mit diesem und dem Zement die vorhandenen Hohlräume größtenteils ausgefüllt sein.

Um nunmehr einwandfrei festzustellen, wieviel Bindemittel mit oder ohne Traß zur Umhüllung der einzelnen Kieskörner und zur Ausfüllung der Hohlräume benötigt werden, ist die Hohlraumprobe nicht von dem eingerüttelten naturfeuchten Kies, wie er meistens zur Anlieferung kommt, sondern von vollständig getrocknetem und eingerütteltem Kies vorzunehmen.

Wie groß der Unterschied bei der Feststellung der Hohlraumprobe bei naturfeuchtem und getrocknetem Kies ist, habe ich unter Kapitel III f näher ausgefuhrt.

Bei Verwendung von Splitt sollte man davon Abstand nehmen, den Beton nur aus reinem Splitt in den Korngrößen von 0 bis 25 mm bzw. 60 mm herzustellen, da dieses Material in seiner Kornzusammensetzung nur schwer der idealen Zuschlagskurve entsprechend zu beschaffen ist und wegen seiner Sperrigkeit zu große Hohlräume hat und schwer verarbeitbar ist. Ferner ist bei dem feinen Splittmaterial von 0 bis 5 mm Korngröße die Gefahr nicht von der Hand zu weisen, daß das auf die feinsten Korngrößen zerbrochene Material in sich Risse erhalten hat, die die Festigkeit in dem Beton nachher herabmindern.

Es hat sich beim Bau der Kajemauer in Bremen als zweckmäßig erwiesen, an Stelle des Splittsandes und feinen Splitts von 0 bis 5 mm Korngröße den mit hohem Quarzgehalt versehenen feinen Flußkies von 0 bis 7 mm bis zu $^1/_3$ Anteil zuzusetzen; man erreicht dadurch einmal einen dichteren Beton, ferner eine leichtere Verarbeitung und bessere Festigkeiten des Betons.

Bei Verwendung von Splitt soll man ferner darauf achten, daß die einzelnen Körner nicht glatte, sondern rauhe Oberfläche aufweisen, da im ersteren Fall die Haftfestigkeit und damit die Druckfestigkeit des Betons geringer wird.

c) Die Ermittelung des Betonmischungsverhältnisses.

Die Herstellung der losen Betonmasse erfolgt am zweckmäßigsten nach Raumteilen, in Litern ausgedrückt.

Vor Beginn der Bauausführung hat man sich darüber Rechenschaft zu geben: welche Festigkeiten muß man auf

Grund der statischen Berechnungen von dem Beton verlangen, und mit welchen Hilfsmitteln sind diese Festigkeiten auf die wirtschaftlichste Weise zu erreichen? Hierbei ist zu beachten, daß der Zementgehalt, der Wassergehalt und die Kornzusammensetzung der Zuschlagstoffe die einflußreichsten Faktoren für die Bildung der Festigkeiten darstellen. Nachdem man sich über ihre Wahl gemäß der in den vorherigen Kapiteln angegebenen Prüfungsmethoden Klarheit geschafft hat, ermittelt man an Hand einiger Versuche den Kiesbedarf für 1 m^3 festen Beton.

Bislang erfolgte die Feststellung, wieviel Zuschlagstoffe auf 1 m^3 festen Beton entfallen, vor Beginn des Baues nur nach Schätzungen, die entweder auf Erfahrung, oder auf den nur rohen Angaben in den verschiedenen Mischungstabellen beruhten. Erst am Schluß des Baues oder, wenn sorgfältige Kontrollen gemacht wurden, nach Fertigstellung eines bestimmten Bauwerkteiles, wurde dann der genaue Einrüttelungskoeffizient auf Grund der verbrauchten Kiesmengen und der damit hergestellten festen Betonmassen ermittelt.

Wie ich aber bereits unter Kapitel III e nachgewiesen habe, ist es unbedingt notwendig, schon vor Beginn der Betonierung die genaue Menge der für 1 m^3 festen Beton benötigten Zuschlagstoffe zu kennen, um den richtigen Bindemittelanteil für die einzelnen Mischungsmengen festzustellen. Das Verhältnis von festem Beton zum losen Zuschlagstoff ist aber abhängig von

1. Kornzusammensetzung der Zuschlagstoffe.
2. Feuchtigkeitsgehalt der Zuschlagstoffe.

   Je trockener der Zuschlagstoff, desto geringer die Einrüttelung. Es betrug z. B. das Sackmaß von losem zum eingeruttelten Kies:

   beim naturfeuchten Kies (3 Raumprozent Feuchtigkeitsgehalt) 18%
   beim völlig trockenen Kies 8,5%

   100 Liter naturfeuchter Kies ergaben namlich nur noch 89 Liter getrockneten Kies. Man verfährt also wirtschaftlicher, wenn man möglichst trockenen Zuschlagstoff für die Betonherstellung verwendet.

3. Verwendung von nur einem oder verschiedenen Zuschlagstoffen.

   Werden z. B. Kies und Splitt verwendet, dann ist die Einrüttelung erheblich größer, da bei Mischung derselben der eine Zuschlagstoff in den Hohlräumen des anderen zu einem gewissen Prozentsatz verschwindet.

Es betrug z. B. das Sackmaß vom losen ungemischten zum losen gemischten Material bei Verwendung von

$33^1/_3$ Liter Feinkies von 0 bis 6 mm
$33^1/_3$ Liter Feinsplitt von 2 bis 11 mm
$33^1/_3$ Liter Grobsplitt von 4 bis 24 mm

rund 9%.

Das Sackmaß vom losen ungemischten zum eingerüttelten trockenen Material = rund 21%.

4. Ausfüllung der Hohlräume der Zuschlagstoffe durch Bindemittel und andere.

   Werden mehr Bindemittel verwendet, als Hohlräume vorhanden sind, dann wird das Sackmaß natürlich geringer, da alsdann die überschüssigen Bindemittel den Zuschlagstoff in gleicher Höhe verdrängen.

5. Verlust an Zuschlagstoffen durch den Transport aus den Fördergefäßen (Kahn oder Waggon) zur Mischmaschine.

   Die Fördergefäße werden nie völlig geleert, Ungenauigkeiten im Aufmaß nicht gänzlich beseitigt. Außerdem gehen beim Transport vom Fördergefäß zum Zwischenlager oder zur Mischmaschine gewisse Mengen verloren, besonders bei starkem Wind.

6. Verlust an loser Betonmasse außerhalb des Schalungsraumes während des Mischvorganges und des Transportes von der Mischmaschine zum Schalungsraum.

   Während des Mischvorganges und des Entleerens der Mischtrommeln geht immer eine gewisse Menge an loser Betonmasse verloren. Das Gleiche ist der Fall während des Transportes von der Mischstelle zum Schalungsraum.

7. Verwendung von Zuschlagstoffen und Beton für Prüfungen, Versuchszwecke, kleinere in der Betonmenge nicht erfaßte Bauwerke, die zum Teil vielleicht nur für die Herstellung des Bauwerkes benötigt wurden, wie Fundamente und Ankerklötze für die Betonierungsanlage usw.

Nach meinen Ermittelungen kann im Durchschnitt aus den Fällen 5 und 6 mit einem Verlust an Zuschlagstoffen von 1 bis 2% gerechnet werden. Ihr genauer Wert richtet sich nach der Güte der Betonierungs- und Transportanlagen. Im Fall 7 sind immerhin 0,5 bis 1,5% je nach Umfang und Dauer der Herstellung des Bauwerkes zu veranschlagen. Den Anteil aus Fall 1 bis 4 kann man wie folgt hinreichend genau ermitteln:

Man wähle, wie die Abb. 60 zeigt, ein eisernes, rundes Gefäß von 1 m Höhe und 100 Liter Inhalt, fülle dasselbe mit dem Zuschlagstoff an, wie er zur Anlieferung kommt. Alsdann werden diesem die Bindemittel und gegebenenfalls die feinen

Zusatzanteile in dem vorgesehenen Verhaltnis, da ja nach Raumteilen gemischt wird, zugesetzt und die gesamte lose Masse auf einer Mischbühne zuerst 2 Minuten trocken und unter Zusatz von 15 % Wassergehalt 2 Minuten naß gemischt. — Alsdann wird die fertige Betonmasse in das eiserne Gefäß gefüllt und zwar in Schichten von rund 20 cm Höhe, die jeweils gut durchgerührt bzw. gestampft werden. Anschließend wird durch Heben und Fallenlassen des ganzen Gefaßes die darin befindliche Betonmasse ordentlich eingerüttelt.

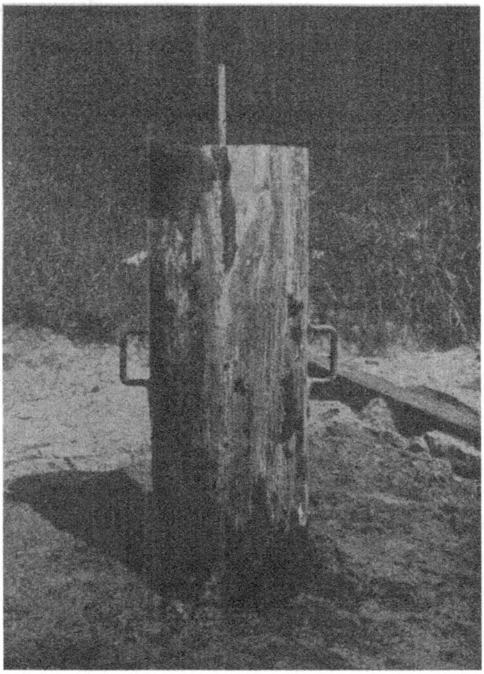

Abb. 60. Meßgefaß zur Feststellung der Einrüttelung des Betons.

Ist auf diese Weise die gesamte Betonmasse eingebracht, dann ist das sich an der Oberflache sammelnde Wasser, das sonst aus der Schalung herausläuft, vorsichtig abzuschöpfen. Nach 2 bis 3 Stunden hat sich das Material so gesetzt, daß nunmehr das Sackmaß genau festgestellt werden kann. Da das Gefäß mit 100 Liter Inhalt 100 cm hoch ist, kann dies Sackmaß durch Metermaß leicht genügend genau gemessen werden.

Man kann daraus sich nunmehr leicht errechnen, wieviel Liter Bindemittel und Zuschlagstoffe auf 1 m³ fertigen Beton entfallen, da diese Angabe für die Höhe des Zementanteiles und für die Wertung der Betonfestigkeit maßgebend ist.

Machen wir uns das Gesagte an einem Beispiel klar und legen dabei die praktisch ermittelten Werte zugrunde:

Mischungsverhältnis in Raumteilen soll annähernd $1:{}^1/_3:6$ sein.

Auf 100 Liter losen naturfeuchten Kies entfallen also

16,64 Liter Zement,

5,6 Liter Traß

122,24 Liter trockene Masse mit 15 % Wasserzusatz, wovon 3 % auf die Naturfeuchtigkeit des Kieses entfallen. Also $15{,}33 + 3{,}0 = 18{,}33$ Liter Wassergehalt.

Diese lose Betonmasse ergibt eingerüttelt und in dem Gefäß verarbeitet: 88 Liter.

Es hat also gegenüber den 100 Liter Kies eine Einrüttelung von 12% stattgefunden.

Bei $1:{}^1/_2:8$ ergibt sich nach demselben Verfahren eine Einrüttelung von 14%.

Hiernach entfallen also auf 1 m³ fertigen Beton an Zement, Traß:

$$\frac{1000}{0{,}88} = 1140 \text{ Liter Kies.}$$

Setzt man den oben ermittelten Einrüttelungsprozentsätzen die für den Verschleiß usw. an Zuschlagstoffen, z. B. bei der Kajemauer, ermittelte Zahl von 2,1 % hinzu, so erhält man den tatsächlichen Gesamtverbrauch an Kies zur Herstellung von 1 m³ fertigen Beton im Bauwerk mit

$$\frac{1000}{0{,}859} = 1160 \text{ Liter Kies;}$$

$$11{,}6 \times 16{,}64 = \text{rund } 193 \text{ Liter Zement}$$

$$11{,}6 \times 5{,}6 = \text{rund } 65 \text{ Liter Traß.}$$

Ferner ist festzustellen, wieviel Feuchtigkeit in Litern ausgedrückt auf 1 m³ Zuschlagstoff entfällt. Dieses ist notwendig, um den Wassergehalt des Betons einwandfrei bestimmen und auf gleicher Höhe halten zu können.

Von Zeit zu Zeit ist mit Änderung der Witterung und je nachdem, ob der Zuschlagstoff auf Lager gebracht wird oder direkt zur Anlieferung kommt, erneut festzustellen, wie hoch der Anteil an Porenwasser im Zuschlagstoff ist.

Die Angabe des Mischungsverhältnisses sollte nicht mehr wie bisher in Raumteilen, zum Beispiel 1:6, sondern wie unter Kapitel III e aufgeführt, erfolgen. Also auf 1 m³ Beton entfallen ... Liter Kies, ... Liter Zement, .. Liter Traß und ... Liter Wasser, einschl. Porenwasser des Kieses.

d) Der Wasserzusatz.

Der Wasserzusatz zum Beton spielt neben dem Zement, wie ich unter Kapitel III g eingehend ausgeführt habe, die wichtigste Rolle. Wie der Verlauf der Wasserzusatzkurve zeigt, kann bei demselben Zementzusatz die Festigkeit bis zu rund 100% nur durch die Regulierung des Wassergehaltes gesteigert werden. Die Höhe des Wasserzusatzes ist aber auch abhängig von der Art des Bauwerkes. Bei dichten Eiseneinlagen wird man den Gußbeton verwenden, bei einer nur geringen Anzahl von Eiseneinlagen und bei Massivbeton ist möglichst der plastische oder Weichbeton zu wählen.

Die Grenze des Wasserzusatzes für die beiden Betonarten Weich- und Gußbeton stehen nicht fest, sondern sie schwanken mit der Höhe des Anteiles der feinen Korngrößen und der Bindemittel und anderer feiner Zuschlagstoffe im Betongemisch, wie z. B. Traß- oder Steinmehl. Man sollte daher vor Beginn der Bauausführung durch Handmischung sich von der Konsistenz des zu wahlenden Betongemisches überzeugen, wobei zu bemerken ist, daß, wenn dieses auch anscheinend etwas zu trocken ist, die Betonmasse durch die innigere Mischung in den Betonmaschinen schlanker wird. In allen Fällen ergibt derjenige Beton die größte Druckfestigkeit, welcher mit dem geringstmöglichen Wasserzusatz in das Bauwerk eingebracht wird. Jedenfalls sollte der Wasserzusatz für Weich- und Gußbeton sich immer nur in den Grenzen zwischen 13 und 16 Raumprozenten bewegen (vergl. Kap. III g).

Den Wasserzusatz druckt man am einwandfreiesten in Raumprozent von der Summe der Einzelrauminhalte von Bindemitteln und den gemischten Zuschlagstoffen aus, z. B. ergibt 15 Raumprozent Wassergehalt fur ein Mischungsverhältnis von

	1160 Liter	Kies,
	193 ,,	Zement,
	96 ,,	Traß
zusammen	1449 Liter	lose Masse

$$= \frac{1449 \cdot 15}{100} = \text{rund } 217 \text{ Liter Wassergehalt.}$$

Von diesen 217 Litern entfallen rund 4% von 1160 Liter Kies, der in naturfeuchtem Zustande angeliefert wurde, $= \frac{1160 \cdot 4}{100}$ = rund 46 Liter, so daß dem gesamten trockenen Betongemisch 217 − 46 = 171 Liter Wasser hinzuzusetzen sind. Diese Menge ist natürlich bei Verwendung von 1000-, 600- oder 400- und 100-Liter-Betonmaschinen entsprechend umzurechnen.

Der Wasserzusatz muß, wie ein Blick auf die Wasserzusatzkurven (Abb. 42—44) zeigt, selbstverständlich während der Bauausführung eingehalten werden, und das kann nur erfolgen durch einwandfrei arbeitende und leicht regulierbare Wasserabmeßgefäße, die den Forderungen entsprechen, wie ich sie unter Kapitel III g näher beschrieben habe. Zu bemerken ist hier noch, daß sich der Wasserzusatz infolge der verschiedenen Witterung (sonniges, heißes Wetter und Regen) bis zu 2% verschieben kann.

In allen Fällen, wo Leitungswasser verwendet wird, erübrigt sich eine Prüfung des Wassers auf schädliche Beimengungen; in allen anderen Fällen ist es selbstverständlich, daß dann das Wasser in dieser Hinsicht einer Prüfung unterzogen wird.

e) Der Traßzusatz.

Bei Verwendung von Traß ist es Vorbedingung, daß der Wasserzusatz genau reguliert wird und der Zuschlagstoff nicht zu viele feine und feinste Kornbestandteile besitzt. (Vgl. Kapitel III h.) Ist das der Fall, dann kann allgemein als Regel angenommen werden, daß bei gleich hohem Wassergehalt der Traßzusatz bei Guß- und Weichbeton festigkeitsvermehrend wirkt, während er bei zu trockener Mischung, die also an den Stampfbeton heranreicht, festigkeitsvermindernd wirken wird. Je feiner der Traß gemahlen ist, desto größer die Gewähr der Druckfestigkeitsvermehrung. Man sollte daher den Traß genau so wie den Zement mit Hilfe der Normensiebbüchse auf seine Mahlfeinheit prüfen.

Die allgemeine Annahme also, daß der Traßzusatz die Druckfestigkeit von Beton herunterdrückt, stimmt nur dann, wenn der Wasserzusatz zum Beton nicht scharf kontrolliert wird. Ob der Zement kalkreich oder kalkarm ist, spielt, wie der Verlauf der Traßkurven beim Portlandzement, Eisenportlandzement und Hochofenzement ergeben hat, keine ausschlaggebende Rolle für die Erzielung höherer Festigkeiten durch Traßzusatz.

Die Verwendung von Traß ist in allen Fällen zweckmäßig, wo auf ein dichtes Gefüge des Betons Wert gelegt wird. Der Traß hat ferner den Vorteil, daß er das überschüssige Wasser bindet und die lose Betonmasse leichter verarbeitbar gestaltet.[1]

f) Die Betonbereitung.

Die Bereitung des Betons erfolgt entweder von Hand oder durch die Betonmaschine. Es ist wohl selbstverständlich, daß man die Handmischung grundsätzlich auszuschalten hat. Ausnahmen können bei geringen Betonmengen wohl vor-

[1]) Auch der Traß unterliegt im übrigen den amtlichen Prüfungsvorschriften.

kommen, alsdann sei aber doppelt Vorsicht und Aufsicht am Platze.

Die Maschinenmischung erfolgt durch die

Rührwerks-
und Freifallmaschinen.

Für kleinere Betonmengen halte ich die Rührwerks- oder Knetmaschinen für besser, bei den großen 600—750- und 1000-Liter-Mischmaschinen halte ich ihre Wertigkeit gleichbleibend, da bei der alsdann großen Fallhöhe in den rotierenden Trommeln eine genügend gute Durchknetung erfolgt.

Man sei sich klar darüber, daß Fehler bei der Mischung sich später schwer an der Druckfestigkeit des Betons rächen werden. Man achte daher darauf, daß

1. genügend lange trocken vorgemischt wird,
2. der Wasserzusatz nicht plötzlich, sondern gleichmäßig erfolgt,
3. genügend lange naß gemischt wird.

Wer Beton zu beurteilen versteht, wird sofort an der Farbe der Mischung im Schalungsraum erkennen: Ist richtig gemischt oder nicht?

Auch hier bei der Betonbereitung ist die Erkenntnis nicht von der Hand zu weisen, daß wir den Höhepunkt noch nicht erreicht haben. Noch ist der Mensch mit seinen Fehlern nicht gänzlich ausgeschaltet, noch kann meiner Ansicht nach durch Verbesserung des Mischungsvorganges und durch mechanische Kontrolle der Mischungsdauer Besseres erreicht werden.

Ferner weist die Tatsache, daß anscheinend zu trockener Beton durch längere Mischzeit in den Trommeln schlanker wird, darauf hin, daß eine Verlängerung der Mischungsdauer des Betons uns auch bessere Druckfestigkeiten bringen kann.

Eine weitere Fehlerquelle liegt in dem Mischungsvorgang bislang noch darin, daß die Trocken- und Naßmischungsdauer vorerst noch von dem Bedienungsmann abhängig ist, und ferner darin, daß das trockene Mischgut in einer nassen Trommel, in der vielfach noch Wasserreste zurückgeblieben sind, durchgemengt wird. Wie oft habe ich feststellen können, daß der Wasserzuleitungshahn nicht fest abgestellt worden war, und dann lustig das Wasser während der Trockenmischung dem Mischgut zulief!

Bei der Auswahl der Transporteinrichtungen verfahre man nach dem Grundsatz: „Je kürzer und steiler der Rinnen- oder Rutschenweg zum Schalungsraum, desto besser der Beton“!

g) Die Nachbehandlung des Betons.

Nimmermehr glaube man, daß mit dem fertigen Beton im Schalungsraum die Faktoren erschöpft sind, die für die Vermehrung der Festigkeiten des Betons in Frage kommen. Was bei der Bereitung des Betons an Wasser zu sparen ist, das ist nach Fertigstellung des Betons an Wasser zu vergeuden. Besonders der Hochsommer mit seiner prallen Sonne und trockenen Luft bildet eine schwere Angriffsgefahr auf die Druckfestigkeit des Betons. Wasser und immer nur Wasser kann hier nur mildern, was die Sonne schadet. Wenn man es einrichten kann, dann decke man den Beton mit einer 5 bis 10 cm starken Sandschicht ab und nässe diese von Zeit zu Zeit.

Den Winter mit seiner starken Kälte fürchte man nur beim frisch hergestellten Bauwerksteil. Ist der Beton erhärtet und er erhält dann Frost, dann ist die Hauptgefahr vorüber. Grundsätzlich sollte man bei Frost von weniger als — 4° C nur dann betonieren lassen, wenn diese Kälte „nachts" nicht überschritten ist. Wie oft zaubern die Mittagsstunden trügerisch Wärme gerade hervor, die noch während der Erhärtung des Betons sich in scharfen Frost umkehren kann. Auch hier heißt die Regel, „nur" in Ausnahmefallen bei Kälte in der Nacht unter — 4° C am Tage zu betonieren, aber dann ganz besonders sorgsam auf eine gute frostsichere Abdeckung bedacht zu sein. Bretter allein genügen nicht, sondern Papiersäcke oder Jutesäcke, abwechselnd mit Brettern überdeckt, sind mindestens vorzusehen.

Wann auszuschalen ist, richtet sich nach dem Bauwerk, seiner Konstruktion, den statischen Beanspruchungen und dem Mischungsverhältnis. Außerdem geben hier die „Bestimmungen über Beton und Eisenbeton" Aufschluß. Beim Massenbeton kann man im Sommer nach 2 bis 3 Tagen, im Winter nach 4 bis 7 Tagen ausschalen. Trennschalwände habe ich aber schon nach 8 Stunden wegnehmen lassen, um möglichst frischen Beton an frischen Beton zu betonieren.

h) Die Prüfung des Betons.

Wenn die unter a) bis g) angegebenen Richtlinien bei der Herstellung des Betons beachtet werden, so bleibt zur Prüfung des Betons nunmehr noch übrig, festzustellen, ob er die gewünschte Güte auch tatsächlich besitzt.

Zu diesem Zweck entnehme man aus dem Schalungsraum die lose Betonmasse und fülle sie in die eisernen Würfelformen. Bei Massenbetonbauten mit stärkeren Wänden wähle man zweckmäßig die großen 30 × 30 × 30-cm-, bei Betonbauten mit verhältnismäßig dünnen Wänden die kleinen $20 \times 20 \times 20$-cm-Würfel. Es hat sich nämlich herausgestellt, daß alsdann die Prüfungsfestigkeiten den Bauwerksfestigkeiten am nächsten liegen.

Bei der Herstellung der Wurfel achte man auf peinliche Sauberhaltung der Wurfelformen. Man untersuche die Druckfestigkeit nach 28 Tagen, 3 Monaten und gegebenenfalls auch nach 12 Monaten. Bis zum Abdrückungszeitpunkt grabe man die Würfel in den Erdboden ein, um annahernd gleiche Verhältnisse wie im Bauwerk zu erhalten. Zur Kontrolle stemme man zu den obigen Zeitpunkten auch aus dem Mauerwerk etwa $50 \times 50 \times 50$-cm-Würfel aus, um Beschädigungen des Wurfels zu vermeiden und um einen Spielraum beim Zersägen der Würfel auf $30 \times 30 \times 30$ cm zu behalten.

Erforderlich ist es ferner, auf dem herausgestemmten Wurfel die Gießrichtung kenntlich zu machen. Man sollte grundsatzlich allgemein nur noch „senkrecht zur Gießrichtung" drücken, um vergleichsfähige Werte zu erhalten.

Erwünscht ist es ferner, die Dichtigkeit des Betons zu untersuchen. Man kann hierfur die beim Zersägen der Bauwerkswürfel abfallenden Platten sehr gut verwenden. Zur Durchfuhrung dieser Versuche wähle man den wohl allgemein bekannten Prüfapparat, da man mit dem nur rohen Versuch mit Hilfe der Wassersäule nicht den genügenden Druck der Flüssigkeit erreicht.

i) Die Prüfungstabellen und Prüfungsgerätschaften.

Die Prüfungstabellen:

Es ist wohl selbstverständlich, daß uber die Prufung der Zemente genau Buch geführt wird. Auch hier wahle man die Tabellenform, die neben ihrer Einfachheit den großen Vorteil der Übersichtlichkeit besitzt.

Die Prüfungsgeräte:

Wenn wir sachgemäßen Beton herstellen wollen, so gehört dazu vor allen Dingen, daß auf der betreffenden Baustelle ein geeigneter Prüfraum und die notwendigen Prüfgeräte fur die Baustoffe bereitgestellt werden.

In Zukunft sollte nicht eher ein Betonbau in Angriff genommen werden, bevor nicht die Sicherheit fur die ordnungsgemäße Prüfung der Baustoffe erfüllt ist. Was nützen uns sonst alle Vorschriften, alle Erfahrungen, wenn sie doch nicht überall einheitlich angewendet werden? Man mache sich doch klar, daß „die rationelle Bewirtschaftung des Betons" mit dem sachgemäßen Erfassen seiner Bestandteile einsetzt, und daß es nicht genügt, später festzustellen, die geringste Anzahl Lohnstunden und die größten Betonleistungen gegenüber anderen Bauausführungen erzielt zu haben.

Was nun an Prüfungsgeräten erforderlich ist, möge die folgende Zusammenstellung ergeben:

Erforderliche Gerätschaften für die Prüfung von Zement, Traß, Zuschlagstoffen und Beton:

a) Prüfgeräte für Zement, Traß und Zuschlagstoffe.

1. Normalsiebbüchse mit 900- und 4900-Maschensieb.
2. Apothekerwage nebst Gewichtssätzen.
3. Vicatsche Nadel nebst Hartgummiringen.
4. Glasplatten 15 × 15 cm.
5. Bunsenbrenner oder Normenspritbrenner mit Dreifuß und Drahtsieb.
6. Mischtöpfe und Mischlöffel.
7. Mit Zinkblech ausgeschlagener Holzkasten für Lagerung der Raumbeständigkeitsproben in feuchter Luft.

Zementprüfungen.

Bezeichnung und Eingang des Waggons	Zement-Marke	Art der Verpackung	Litergewicht		Einzelgewicht von 5 Säcken	Mahlfeinheit auf dem Maschensieb		Abbindezeit	Raumbeständigkeit		Normenfestigkeitsprüfungen				
			eingelaufen	eingerüttelt		900	4900		Kuchenprobe	Kugelprobe	Art der Lagerung	Druckfestigkeit		Zugfestigkeit	
												nach --- Tagen	kgcm²	nach --- Tagen	kgcm²

8. Ein Zinkblechkasten oder mit Zinkblech ausgeschlagener Holzkasten für die Wasserlagerung der Raumbeständigkeitsproben.
9. Luftdicht verschließbare Blechbüchsen von 5 kg, 2 kg, 1 kg Inhalt.
10. Glasmensuren von je 1000 und 2000 ccm Inhalt.
11. 10-kg-Tafelwage mit Gewichten.
12. Dezimalwage.
13. Hohlraummaße 0,25, 0,5, 1, 10 Liter.
14. 50 × 50 cm große Maschensiebe von 1/4, 1/2, 1, 2, 3, 4, 5, 6, 8, 9, 10, 25, 30, 40, 50 mm.
15. Trichtereinlaufapparat nach Gary nebst Litermaß.
16. Vergrößerungsglas.

b) Prüfgeräte für die erweiterte Zementprüfung (Normenprüfung).

1. Eiserne Formen für Druck- und Zugkörper.
2. Ziffern und Buchstaben zum Bezeichnen der Körper.
3. Hammerapparat nebst Zubehör.
4. Druck- und Zerreißmaschine nebst Zubehör.
5. 10-kg-Tafelwage mit Gewichten, bereits unter a) 11 verzeichnet.
6. Glasmensuren von 1000 und 2000 ccm Inhalt, bereits unter a) 10 verzeichnet.
7. Mischtöpfe und Mischlöffel, bereits unter a) 6 verzeichnet.
8. Zinkkasten zur Wasserlagerung der Normenkörper.
9. Zinkblechkasten zur Lagerung der Normenkörper in feuchter Luft.

c) Prüfgeräte für Beton.

1. Eiserne Würfelformen 30 × 30 × 30 cm mit Aufsatzkasten und Stampfer.
2. Eiserne Würfelformen 20 × 20 × 20 cm mit Aufsatzkasten.
3. Betonwürfeldruckmaschine.
4. Wasserdichte Mischbühne.
5. Glasmensuren von 1000 bis 2000 ccm Inhalt, bereits unter a) 10 verzeichnet.
6. Gießkanne.
7. 10-kg-Tafelwage mit Gewichten, bereits unter a) 11 verzeichnet.
8. Dezimalwage, bereits unter a) 12 verzeichnet.
9. Apparat zur Bestimmung der Dichtigkeit.
10. Eine eiserne oder hölzerne mit Blech ausgeschlagene Mischbühne.

Auf die Druck- und Zerreißmaschine kann verzichtet werden, wenn ein Prüfungslaboratorium mit derartigen Apparaten in greifbarer Nähe sich befindet.

V. Zusammenfassung und Folgerungen.

Wenn wir nunmehr den Blick zurückwerfen auf die bisherigen Ergebnisse der Betonprüfungen in Versuchsanstalten und auf den großen Baustellen, so ist leider festzustellen, daß eine vergleichende Auswertung der bislang vorhandenen Betonergebnisse nicht immer einwandfrei möglich ist, weil

1. die Normenfestigkeit der Zemente nicht immer angegeben ist;
2. die Normenfestigkeiten der einzelnen Zementmarken erheblichen Schwankungen unterworfen sind;
3. der Einfluß des Traßzusatzes auf die Betonfestigkeit mit der Höhe des Wasserzusatzes, mit der Höhe des Zementzusatzes und der Kornzusammensetzung schwankt,
4. der Wasserzusatz und das Porenwasser der Zuschlagstoffe nicht immer angegeben sind;
5. die Angabe des Mischungsverhältnisses nicht auf 1 cbm festen Beton bezogen ist;
6. die Zuschlagstoffe nicht immer eindeutig festgelegt sind;
7. die eindeutige Bestimmung von Stampf-, plastischem, Guß- und Flußbeton fehlt;
8. die Zementbeigabe auf 1 cbm festen Beton bei anscheinend gleichen Mischungsverhältnissen bislang verschieden ist, da der Zementzusatz von der losen Masse der Zuschlagstoffe abhängig gemacht ist;
9. die verschiedenen Zemente in der handelsüblichen Verpackung von 50 kg auch verschieden hohe Ausbeute in Litern haben;
10. die Druckprüfungen mit den Handdruckmaschinen nicht zwangsläufig auf einheitlichen Bahnen sich bewegen.

In meinem vorherigen Ausführungen habe ich gezeigt, wie weit wir noch von einer restlosen Erfassung des Betons entfernt sind. Gerade in der heutigen Wirtschaftsnot müssen wir die „Rationalisierung der Arbeit" in der Bauwirtschaft mit allen zur Verfügung stehenden Mitteln erstreben.

Diese Rationalisierung muß sich nunmehr unter anderen auf folgende Hauptgebiete erstrecken:

I. Feststellung des Einflusses von

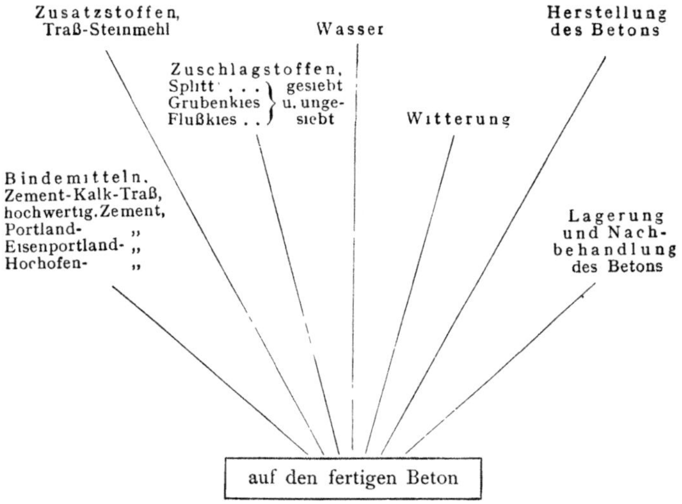

II. Feststellung der Wirtschaftlichkeit der verschiedenen Mischungsverhältnisse
   a) unter Berucksichtigung der „restlosen Ausnutzung" der einzelnen Faktoren;
   b) unter Berücksichtigung der Preisgestaltung.

III. Rationalisierung auf bestimmte Mischungsverhältnisse.

IV. Die Feststellung der Wertigkeit der verschiedenen Prüfungsverfahren.

V. Zusammenfassung in bestimmte Richtlinien für die Praxis.

Untersuchen wir das Hauptgebiet I einmal näher, so ergeben sich folgende Faktoren, die die Güte des Betons beeinflussen.

A Bindemittel.

a) Zemente:

Einfluß der Mahlfeinheit.
Einfluß des Brennprozesses.
Einfluß der Größe der Klinker.
Einfluß der Dauer der Lagerung der Zemente.
Einfluß der chemischen Beschaffenheit.

b) Kalk:

Feststellung der Wertigkeit von Kalk in Verbindung mit Traß.

B. Zusatzstoffe.

a) Traß:

Kann der Zement durch Zusatz von Traß bei der Mahlung der Zementklinker verbessert werden?

Einfluß der Feinheit der Mahlung.

Verhalten des Trasses zu den verschiedenen Zementsorten und Zementmarken.

Verhalten des Trasses zu den verschiedenen Zuschlagstoffen.

Verhalten des Trasses zu dem verschieden hohen Wassergehalt des Betongemisches.

b) Steinmehl:

Inwieweit kann Traß durch Steinmehl ersetzt werden?

Einfluß der Gesteinsart auf das Steinmehl und damit auf den Beton.

Einfluß der Feinheit der Mahlung.

C. Zuschlagstoffe.

a) Splitt:

Einfluß der Kornzusammensetzung.

Einfluß der Gesteinsart auf die Herstellung der verschiedenen Korngrößen.

Einfluß des Hohlraumgehaltes.

b) Flußkies und Grubenkies:

Einfluß von vorkommenden Beimengungen wie z. B. Lehm usw.

Einfluß der Kornzusammensetzung.

Einfluß der Waschung des Materials.

Einfluß der Gesteinsarten.

Einfluß der Struktur der einzelnen Körner.

Einfluß des Hohlraumgehaltes.

D. Wasser.

a) Temperatur des Wassers;

b) Chemische Zusammensetzung des Wassers, z. B. kalkreiches und kalkarmes Wasser;

c) Einfluß des verschieden hohen Wasserzusatzes auf:
die verschiedenen Zementsorten,
die verschiedenen Zementmarken,
Kalk,
Zement und Traß,
Zement und Steinmehl,
Kalk und Traß,
verschiedene Zuschlagstoffe.

E. Witterung.

a) Einfluß der Sonne.
b) Einfluß der trockenen bedeckten Luft.
c) Einfluß des Regens.
d) Einfluß verschiedener Temperaturen.

F. Herstellung des Betons.

a) Einfluß der Mischung durch die verschiedenen Mischmaschinensysteme.
b) Einfluß verschieden großer Mischungsmengen.
c) Einfluß der Vormischung von Zement und Traß.
d) Einfluß der Vormischung von Bindemittel und Mörtelsand und späterer Hinzufügung von Kies zu der nassen Mörtelmasse.
e) Einfluß der Dauer der Trocken- und Naßmischung.
f) Einfluß der Art der Zufuhrung des Wassers in die trockene Betonmasse.
g) Einfluß der Abbindetemperatur.
h) Einfluß der verschiedenen Transportmöglichkeiten des Betons.
i) Einfluß der Transportweite.
k) Einfluß der Stärke des Bauwerkes.
l) Einfluß der Höhe der Arbeitsschichten.
m) Einfluß der Schalung,

1. hölzerne Schalung (gehobelt, geölt, gespundet und ungespundet),
2. eiserne Schalung.

n) Einfluß der Schütthöhe des Betons.
o) Einfluß der Rinnenneigung.
p) Einfluß der verschiedenen Verarbeitung der Betonmasse im Schalungsraum.
q) Einfluß der Abbindetemperatur auf die Bildung der Festigkeit des Betons.
r) Behandlung der Arbeitsfugen.
s) Betonieren unter Wasser und unter Druckluft.
t) Einfluß der verschiedenen Zusätze zum Beton bei Frost.

G. Lagerung und Nachbehandlung des Betons:

a) Einfluß des Unterwassersetzens.
b) Einfluß des Nässens.
c) Einfluß der Sandabdeckung.
d) Einfluß der Art der Abdeckung bei Frost.
e) Einfluß der Dauer der Nachbehandlung.
g) Einfluß von aggressiven Wassern.
h) Einfluß des Seewassers.

Ich bin mir klar darüber, daß ich mit Vorstehendem noch nicht alle Gebiete restlos erfaßt habe, die noch zu klären und zu bearbeiten sind. Hingegen ist wohl bestimmt damit zu rechnen, daß wir ein erhebliches Stück schon voran kämen, wenn alles das, was in Deutschland an Forschungsarbeit auf diesem Gebiet bereits geleistet ist, einmal systematisch bearbeitet würde.

Wollen wir also die unendlich vielen und wertvollen Erfahrungen und Versuche nutzbringender als bisher auswerten, dann ist es unbedingte Notwendigkeit, daß „eine Zentralstelle" geschaffen wird, die „dieErforschung des Betons" systematisch nach einheitlichen Gesichtspunkten vorbereitet und die zahlreichen Betonversuchsanstalten der technischen Hochschulen, der staatlichen und städtischen Behörden und der Privatwirtschaft, ohne ihre Selbständigkeit zu beeinflussen, zur Zusammenarbeit mit den Bauausführungen nach einheitlichen Richtlinien zusammenfaßt.

Wir dürfen uns den Luxus nicht länger gestatten, daß in der einen Ecke unseres Vaterlandes Versuche angestellt, die an anderer Stelle auch vorgenommen werden, dabei aber von Voraussetzungen ausgehen, die der einheitlichen Grundlage entbehren.

Wir müssen ferner dazu kommen, daß auch unser Nachwuchs in der Frage der Bewirtschaftung des Betons nach einheitlichen Gesichtspunkten erzogen wird.

Wir müssen davon freikommen, daß über vielen Erfahrungen und Versuchen das Leitwort steht: „Sie haben nicht allgemein Gültigkeit."

Erst wenn alle Stellen, zentral geleitet, in Theorie und Praxis systematisch an die Erforschung des Betons herangehen, dann werden wir endlich dazu kommen, daß der Beton wirtschaftlich ausgenutzt wird. Geschieht es nicht, wird, weiterhin wie bisher, nebeneinander gearbeitet, dann wird uns nicht nur der Beton noch auf lange Zeit Rätsel zu lösen geben, denen wir auch weiterhin nur durch die unwirtschaftliche Ausnutzung des Betons begegnen werden, sondern auch die unendlich vielen Krafte werden nicht restlos erfaßt und ausgenutzt.

Staat und Gemeinden,
Forschungsinstitute,
private Bauwirtschaft,
Zementindustrie,
Traßindustrie

sollten sich zu dieser Rationalisierungsarbeit zusammenschließen.

Wieviel Millionen Kubikmeter Beton werden alljahrlich in Deutschland hergestellt und welche Summen können durch die wirtschaftliche Ausnutzung von Zement, Traß, Zuschlagstoffen und Wasser gespart werden. — Erkennen wir doch, daß die Bautätigkeit nicht dauernd von denselben geistigen Kräften geleitet wird, die also von Bau zu Bau wachsende Erfahrungen sammeln, sondern daß auch hier ein dauernder Fließzustand in der Leitung herrscht. Ein jeder, der jahrelang die verschiedensten Bauten geleitet hat, wird mir bestatigen, daß er bislang noch jeden ausgeführten Bau beim zweitenmal wirtschaftlicher herstellen wurde und nicht zuletzt in der Herstellung und Ausnutzung des Betons. Aber die Erfahrung haftet an der Persönlichkeit, und der Nachwuchs tritt leider zum größten Teil in denselben Kreislauf der Erfahrungen wieder ein, weil die Zusammenfassung fehlt.

Es wird auch heute noch nirgends soviel gesündigt, als bei der Herstellung des Betons. Von Wirtschaftlichkeit gar nicht zu reden. Warum schreiben wir „nur" 30—70 kg/cm² Druckfestigkeit vor? Warum brauchen wir bei dem Baustoff Beton eine größere Sicherheit als z. B. beim Eisen? Doch einfach aus dem Gefühl heraus, daß wir den Baustoff Beton noch längst nicht restlos erfaßt haben.

Gewiß ist der Weg zur Erforschung des Betons noch weit, aber eins ist sicher, daß auf zentralem Wege die Erkenntnis des Betons, der als Stampfbeton nun schon mehr als ½ Jahrhundert und als Gußbeton mehr als 10 Jahre verwendet wird, erheblich rascher voranschreiten würde als bisher.

Was nützt es der Wirtschaft, wenn die Zementindustrie einseitig auf höhere Normenfestigkeit ihrer Zemente hinarbeitet, während die Festigkeiten im Bauwerk von Faktoren abhängen, über deren Einfluß noch keine Klarheit herrscht. Was nützt uns die chemische und Normenuntersuchung des Zementes, wenn dieser später im fertigen Bauwerk uns Festigkeiten beschert, die wir mit zuviel Geld bezahlen müssen.

Sowohl in der Literatur, als auch im persönlichen Austausch der Meinungen herrscht das Bild der Zerrissenheit. Die verschiedenen Ansichten über

Stampfbeton,
Gußbeton,
plastischen Beton,
hochwertige Zemente,
Hochofenzemente,
Wasserzusatz,
Traßzusatz,
Auswahl der Zuschlagstoffe,
Wertigkeit der verschiedenen Betonierungsanlagen,
Wertigkeit der verschiedenen Prüfungsmethoden

und andere mehr bilden einen „Drahtverhau", den einer allein nicht mehr zu durchschneiden vermag. Ein jeder hat seine Erfahrungen gesammelt im örtlich begrenzten Gebiet, aber die zentrale Zusammenfassung fehlt!

Möge das Beispiel im Kleinen der Schweizer Gußbetonkommission auch bei uns in Deutschland auf fruchtbaren Boden fallen!

„Möge die Erkenntnis über die Unzulänglichkeit des Einzelnen und über den Wert der zusammengefaßten Kräfte dazu führen, daß die Erforschung des Betons nunmehr von „zentraler Stelle" aus nach bestimmten Richtlinien in Angriff genommen wird!"

GPSR Compliance

The European Union's (EU) General Product Safety Regulation (GPSR) is a set of rules that requires consumer products to be safe and our obligations to ensure this.

If you have any concerns about our products, you can contact us on ProductSafety@springernature.com

In case Publisher is established outside the EU, the EU authorized representative is:

Springer Nature Customer Service Center GmbH
Europaplatz 3
69115 Heidelberg, Germany

Batch number: 10844623

Printed by Printforce, the Netherlands